Göschens Lehrbücherei

I. Gruppe

Reine Mathematik

Band 2

Praxis der Gleichungen

Von

Professor Dr. C. Runge

Berlin und Leipzig

Vereinigung wissenschaftlicher Verleger

Walter de Gruyter & Co.

vormals G. J. Göschen'sche Verlagshandlung — J. Guttentag, Verlagsbuchhandlung — Georg Reimer — Karl J. Trübner — Veit & Comp.

1921

I. Abschnitt.

Lineare Gleichungen.

§ 1. Lineare Gleichungen mit einer Unbekannten.

Die Lösung einer Gleichung ersten Grades mit einer Unbekannten verlangt nichts anderes als eine Division. Denn sind a und l zwei gegebene Zahlen und soll eine Zahl x gefunden werden, so daß

$$ax + l = 0$$

ist, so heißt das, es soll x mit a multipliziert gleich $-l$ sein oder es soll x gleich $-l$ dividiert durch a sein. Wenn die Werte a und l nicht absolut genau, sondern nur bis zu einem gewissen Grade der Genauigkeit bekannt sind, wie es bei beobachteten Werten meistens der Fall ist, so kann natürlich auch x nur mit einem gewissen Grade der Genauigkeit gefunden werden. Wenn z. B. der Wert von l um $\frac{1}{100}$ seines Betrages größer oder kleiner sein könnte, während a absolut genau bekannt ist, so würde auch $x = -\frac{l}{a}$ um $\frac{1}{100}$ seines Betrages größer oder kleiner sein können. Wenn andererseits l absolut genau bekannt wäre, während a um $\frac{1}{99}$ seines Betrages größer sein könnte, so würde $x = -\frac{l}{a}$ um $\frac{1}{100}$ seines Betrages kleiner sein können, denn $\frac{l}{a + \frac{1}{99}a} = \frac{99}{100} \cdot \frac{l}{a} = \frac{l}{a} - \frac{1}{100}\frac{l}{a}$, und wenn a um $\frac{1}{101}$ seines Betrages kleiner sein würde, so würde $x = -\frac{l}{a}$ um $\frac{1}{100}$ größer sein können, denn $\dfrac{l}{a - \dfrac{1}{101}a} = \dfrac{101}{100}\dfrac{l}{a} = \dfrac{l}{a} + \dfrac{1}{100}\dfrac{l}{a}$. Indem wir den Unterschied zwischen $\frac{1}{99}$ und $\frac{1}{100}$ und ebenso den zwischen $\frac{1}{101}$ und $\frac{1}{100}$ vernachlässigen, können wir demnach rund sagen, daß x sich um 1 Prozent vergrößert oder verkleinert, wenn a sich um 1 Prozent verkleinert oder vergrößert.

Wenn l und a beide nicht genau bekannt sind, so können die Fehler in der Annahme von l und a sich aufheben, sie können sich aber auch verstärken. Denkt man sich l um $\frac{l}{99}$ größer und gleichzeitig a um $\frac{a}{101}$ kleiner, so tritt an Stelle von $\frac{l}{a}$ der Ausdruck

$$\frac{l + \dfrac{l}{99}}{a - \dfrac{a}{101}} = \frac{l}{a} \cdot \frac{101}{99} = \frac{l}{a} + \frac{2}{99} \cdot \frac{l}{a},$$

oder wenn l um $\frac{l}{101}$ kleiner und a um $\frac{a}{99}$ größer angenommen wird,

$$\frac{l - \dfrac{l}{101}}{a + \dfrac{a}{99}} = \frac{l}{a}\,\frac{99}{101} = \frac{l}{a} - \frac{2}{101}\,\frac{l}{a}.$$

Vernachlässigen wir wieder den Unterschied zwischen $\frac{2}{99}$ und $\frac{2}{100}$, sowie zwischen $\frac{2}{101}$ und $\frac{2}{100}$, so können wir rund sagen, x wird um 2 Prozent fehlerhaft sein können, wenn bei l und a Fehler von 1 Prozent möglich sind.

Etwas allgemeiner stellt sich dieselbe Betrachtung durch die folgende Gleichung dar:

$$\frac{l\,(1 + \alpha)}{a\,(1 + \beta)} = \frac{l}{a} + \frac{\alpha}{1 + \beta}\,\frac{l}{a} - \frac{\beta}{1 + \beta} \cdot \frac{l}{a}.$$

Wenn α und β sehr klein sind, so ist $\frac{\alpha}{1 + \beta}\,\frac{l}{a}$ sehr nahe gleich $\alpha \cdot \frac{l}{a}$ und $\frac{\beta}{1 + \beta}\,\frac{l}{a}$ sehr nahe gleich $\beta\,\frac{l}{a}$ und man kann daher sagen, daß bei Änderung von l um den positiven oder negativen Bruchteil α seines Betrages und gleichzeitiger Änderung von a um den positiven oder negativen Bruchteil β seines Betrages die Änderung von $\frac{l}{a}$ den Bruchteil $\alpha - \beta$ seines Betrages ausmacht.

Wenn es sich um beobachtete Größen handelt, so ist in sehr vielen Fällen die relative Genauigkeit, mit der l und a bekannt sind, gering und es würde ein unnötiger Arbeitsaufwand sein, die Division mit einer erheblich größeren relativen Genauigkeit auszuführen.

Beispiel: Ein Zimmer soll 50 qm Inhalt haben, wobei es auf 1 Prozent d. h. ½ qm nicht ankommt. Die Breite soll 6.3 m sein, wobei es auch auf 1 Prozent, d. h. 6.3 cm nicht ankommt. Wie groß muß die Länge des Zimmers sein?

Die Division braucht höchstens bis zur dritten Stelle ausgeführt zu werden.

```
6.3 | 50. | 7.94
      441
      ---
       59
      567
      ---
       23
```

(Es ist 7.94 geschrieben, weil die Differenz zwischen 6.3 × 4 und 23 geringer ist als die Differenz zwischen 6.3 × 3 und 23.) Eine genauere Ausführung der Division hat gar keinen Zweck, weil, wenn Zähler und Nenner um 1 Prozent andere Werte haben können, so kann der Quotient sich um 2 Prozent, d. i. um 0.16 m ändern. Es würde im allgemeinen auch wohl das Resultat 7.9 völlig ausreichen.

Der Rechenschieber *) in der handlichen Größe, wie er gewöhnlich ausgeführt wird, erlaubt die Ausführung der Division etwa auf ⅓ Prozent, was in sehr vielen Fällen völlig ausreicht. Eine vierstellige Logarithmentafel läßt sich bequem auf eine Quartseite drucken, so daß kein Blättern zur Auffindung der Logarithmen oder der Numeri nötig ist. Der Fehler des Logarithmus von Zähler und Nenner beträgt höchstens eine halbe Einheit der vierten Dezimale, der des Quotienten daher höchstens eine Einheit der vierten Stelle. Dem entspricht ein Fehler im Numerus von etwas weniger als ¼ Promille. Selbst wenn die Größen a und l also bis auf etwa $\frac{1}{8000}$ ihres Betrages bekannt wären, würde es allenfalls noch ausreichen, den Quotienten mit vierstelligen Logarithmen auszurechnen.

Nur ist zu bemerken, daß man gern so genau rechnet, daß die bei

*) Der Gebrauch des Rechenschiebers muß am Instrument selbst gelernt werden. Daher ist hier auf eine Beschreibung verzichtet.

der Rechnung vernachlässigte Abweichung erheblich kleiner ist als die durch die Unsicherheit der Daten verursachte Unsicherheit des Resultats.

Unter den gemachten Annahmen würde die bei der Rechnung vernachlässigte Abweichung gleich dieser Unsicherheit sein.

---

§ 2. Lineare Gleichungen mit zwei Unbekannten.

Gleichungen ersten Grades mit zwei Unbekannten lassen sich auf Gleichungen ersten Grades mit einer Unbekannten zurückführen. Es seien $a_1\, b_1\, l_1;\ a_2\, b_2\, l_2$ gegebene Größen und es sollen die Unbekannten x und y so bestimmt werden, daß gleichzeitig

$$\begin{aligned} a_1 x + b_1 y + l_1 &= 0 \\ a_2 x + b_2 y + l_2 &= 0, \end{aligned}$$

so kann das in der Weise geschehen, daß man die erste Gleichung mit $\frac{a_2}{a_1}$ multipliziert und von der zweiten Glied für Glied abzieht:

$$\begin{aligned} a_2 x + b_2 y + l_2 &= 0 \\ a_2 x + \frac{a_2}{a_1} b_1 y + \frac{a_2}{a_1} l_1 &= 0 \\ \hline \left(b_2 - \frac{a_2}{a_1} b_1\right) y + \left(l_2 - \frac{a_2}{a_1} l_1\right) &= 0. \end{aligned}$$

Es entsteht so eine neue Gleichung ersten Grades, die die Unbekannte x nicht mehr enthält, aus der man also y durch Division findet. Setzt man diesen Wert von y in eine der beiden zuerst gegebenen Gleichungen ein, so ergibt sich eine Gleichung ersten Grades für x allein. Setzt man den Wert von y in die andere Gleichung ein, so muß sich derselbe Wert von x ergeben, was eine Kontrolle der Rechnung ermöglicht.

Ist die Genauigkeit des Rechenschiebers ausreichend, so läßt sich die Berechnung der Unbekannten sehr bequem bewerkstelligen. Stellt man nämlich auf dem Rechenschieber die beiden Größen a_1 und a_2, die eine auf der festen, die andere auf der beweglichen Skala einander gegenüber, so sind alle einander gegenüberstehenden Zahlen in dem Verhältnis $a_1 : a_2$. Den Größen b_1 und l_1 werden also die Größen $\frac{a_2}{a_1} b_1$ und $\frac{a_2}{a_1} l_1$ gegenüberstehen, die man auf diese Weise durch eine einzige Stellung des Schiebers ermittelt. Hat man alsdann durch Gegenüberstellung von $l_2 - \frac{a_2}{a_1} l_1$ und $b_2 - \frac{a_2}{a_1} b_1$ den Wert von y gegenüber der 1 der einen

Skala abgelesen, so kann man sofort mit der gleichen Stellung des Schiebers die Werte von $b_1 y$ und $b_2 y$ ablesen, die in die gegebenen Gleichungen eingesetzt, die beiden Gleichungen für x liefern, die auf denselben Wert von x führen müssen.

Beispiel:
$$3.1\,x + 4.2\,y - 3.5 = 0$$
$$1.2\,x - 3.5\,y + 2.2 = 0.$$

Um alles überflüssige Schreiben zu vermeiden, setzt man nur die Koeffizienten selbst hin und läßt bei der durch Multiplikation mit $\frac{a_2}{a_1}$ erhaltenen Gleichung das Glied mit x ganz weg, das ja doch bei der Subtraktion wegfällt:

$$\begin{array}{llll}
3.1 & +4.2 & -3.5 & \\
1.2 & -3.5 & +2.2 & \\
 & +1.63 & -1.36 & \\
\hline
 & -5.13 & +3.56 & y = +0.692 \\
 & & & \\
 & & -3.5 & \\
 & & +2.91 & \\
\hline
 & 3.1 & -0.59 & x = +1.90 \quad \text{(aus der ersten Gleichung).} \\
 & & +2.2 & \\
 & & -2.43 & \\
\hline
 & 1.2 & -0.23 & x = +1.92 \quad \text{(aus der zweiten Gleichung)}
\end{array}$$

Mit vierstelligen Logarithmen würde man etwa so rechnen. Zunächst würde man die Logarithmen der Koeffizienten der ersten Gleichung hinschreiben:

$$0.4914 \quad 0.6232 \quad 0.5441_n,$$

dazu den Logarithmus des Koeffizienten von x in der zweiten Gleichung 0.0792. Nun ist, um mit $\frac{a_2}{a_1}$ zu multiplizieren, die Differenz 0.4914 — 0.0792 = 0.4122 von den Logarithmen von b_1 und l_1 abzuziehn:

$$0.2110 \quad 0.1319_n.$$

Dazu die Numeri

$$1.626 \quad -1.355.$$

Diese sind von b_2 und l_2 abzuziehen

$$-5.126 \quad +3.555.$$

Die Rechnung kann nach dem folgenden Schema ausgeführt werden:

$$\begin{array}{lll} 0.4914 & 0.6232 & 0.5441_n \\ 0.0792 & 0.4122 & 0.4122 \\ \hline 0.4122 & 0.2110 & 0.1319_n \\ & 1.626 & -1.355 \\ & -3.5 & +2.2 \\ \hline & -5.126 & +3.555 \end{array}$$

Aus den letzten beiden Zahlen ergibt sich y:

$$\begin{array}{l} \log 3.555 = 0.5508 \\ \log 5.126 = 0.7098 \\ \hline \log y = 9.8410 \qquad y = 0.6934 \end{array}$$

Mit dem gefundenen Werte wird dann auf doppelte Weise x gefunden:

$$\begin{array}{ll} \log b_1 : 0.6232 & \log b_2 : 0.5441_n \\ \log y \ : 9.8410 & \log y \ : 9.8410 \\ \hline 0.4642 & 0.3851_n \\ b_1 y = \ 2.912 & b_2 y = -2.427 \\ l_1 = -3.5 & l_2 = +2.2 \\ \hline -0.588 & -0.227 \\ 9.7694 & 9.3560 \\ \log a_1 = 0.4914 & \log a_2 = 0.0792 \\ \hline 9.2780 & 9.2768 \\ x = 0.1897 & x = 0.1891 \end{array}$$

Man beachte, daß die Ungenauigkeiten, die durch die bei der Rechnung vernachlässigten Stellen entstehen, erheblich größer werden können als die Genauigkeit einer einzelnen Multiplikation oder Division. So ist z. B. bei der mit dem Rechenschieber ausgeführten Rechnung das Produkt $b_2 y = -2.43$ auf $\frac{1}{3}$ Prozent genau, aber bei der Summe $l_2 + b_2 y = -0.23$ wird der Fehler relativ viel größer, woraus sich die Abweichung zwischen den beiden Werten von x erklärt. Es kann in solchen Fällen notwendig werden, die Rechnung mit mehr Stellen durchzuführen, als für das Resultat erforderlich sind. Man erkennt das erst im Verlaufe der Rechnung und muß daher unter Umständen dieselbe Rechnung wiederholen.

Von der durch die Abkürzung der Rechnung eingeführten Unsicherheit ist wohl zu trennen die Unsicherheit, die durch die Ungenauigkeit der Koeffizienten entsteht. Wenn z. B. $l_2 = 2.2$ nur auf eine Einheit der ersten Dezimale sicher ist, so ist $l_2 - \frac{a_2}{a_1} l_1 = 3.56$ auch nur auf eine Einheit der ersten Dezimale sicher, also auf etwa 3 Prozent. Und der Wert von y

wird auch nur auf 3 Prozent sicher, d. h. auf etwa 0.02. Und wenn nun x wieder mit Hilfe dieses für y gefundenen Wertes berechnet wird, so wird $b_1 y$ um 3 Prozent unsicher, d. i. um etwa 0.09, mithin $l_1 - b_1 y$ um etwa 15 Prozent und daher x auch um 15 Prozent. Man könnte die Unsicherheit von x auch unmittelbar finden, indem man aus den beiden gegebenen Gleichungen nicht erst y berechnet, sondern unmittelbar eine Gleichung für x ableitet, indem man z. B. die erste Gleichung mit $\frac{b_2}{b_1}$ multipliziert von der zweiten abzieht. Man erhält auf diese Weise die Gleichung für x:

$$\left(a_2 - \frac{b_2}{b_1} a_1\right) x + \left(l_2 - \frac{b_2}{b_1} l_1\right) = 0$$

$$a_2 - \frac{b_2}{b_1} a_1 = 3.78, \quad l_2 - \frac{b_2}{b_1} l_1 = -0.72 \qquad \begin{array}{rr} 1.2 & +2.2 \\ 2.58 & -2.92 \\ \hline 3.78 & -0.72 \end{array}$$

$$x \doteq 0.191.$$

Ein Fehler von l_2 um 0.1 ergibt auch einen Fehler von $l_2 - \frac{b_2}{b_1} l_1$ um 0.1, d. i. um 14 Prozent, also auch einen Fehler von x um 14 Prozent, also um 0.027.

Von den verschiedenen Möglichkeiten, wie man die Werte von x und y finden kann, wird man unter Umständen gewisse bevorzugen.

So kann man z. B. um y zu berechnen, sowohl die erste Gleichung mit $\frac{a_2}{a_1}$ multipliziert von der zweiten abziehen, wie auch die zweite mit $\frac{a_1}{a_2}$ multipliziert von der ersten abziehen. Im ersten Falle erhalten wir für y die Gleichung:

$$\left(b_2 - \frac{a_2}{a_1} b_1\right) y + \left(l_2 - \frac{a_2}{a_1} l_1\right) = 0,$$

im zweiten Fall:

$$\left(b_1 - \frac{a_1}{a_2} b_2\right) y + \left(l_1 - \frac{a_1}{a_2} l_2\right) = 0.$$

Ist $\frac{a_2}{a_1}$ klein, so wird man in der Regel die erste Art vorziehen. Denn es werden dann, außer wenn b_1 und l_1 groß gegen b_2 und l_2 sind, die Produkte $\frac{a_2}{a_1} b_1$ und $\frac{a_2}{a_1} l_1$ nur kleine Bruchteile von b_2 und l_2 sein. Man braucht also die Produkte $\frac{a_2}{a_1} b_1$ und $\frac{a_2}{a_1} l_1$ nur auf sehr wenig Stellen auszurechnen, während dennoch die relative Genauigkeit von $\left(b_2 - \frac{a_2}{a_1} b_1\right)$ und $\left(l_2 - \frac{a_2}{a_1} l_1\right)$ groß ist.

Z. B.
$$\begin{aligned} 55x + 3.3y - 5 &= 0 \\ x - 4.3y + 3.7 &= 0 \end{aligned}$$

55	3.3	—5
1	—4.3	+3.7
	0.060	—0.091
	—4.360	+3.791

$$y = \frac{3.791}{4.360} = 0.8695.$$

Wollte man dagegen die zweite Art der Rechnung anwenden, so müßten die Produkte $\frac{a_1}{a_2} b_2$ und $\frac{a_1}{a_2} l_2$ auf 4 Stellen ausgeführt werden, um für y die gleiche Genauigkeit zu erhalten.

1	—4.3	+3.7
55	+3.3	—5
	—236.5	+203.5
	239.8	—208.5

$$y = \frac{2085}{2398} = 0.8695.$$

Für die erste Art der Rechnung würde die Genauigkeit des Rechenschiebers vollkommen ausreichen, um Zähler und Nenner von y zu finden, für die zweite dagegen nicht.

Will man ferner mit dem gefundenen Werte von y den Wert von x berechnen, so ist es vorteilhafter, sich der ersten Gleichung zu bedienen, in der a_1 groß ist gegen a_2, vorausgesetzt, daß nicht etwa zugleich b_1 groß ist gegen b_2.

Denn wenn bei Benutzung der ersten Gleichung $b_1 y$ mit einem Fehler behaftet ist, so wird er bei der Berechnung von x durch a_1 dividiert, während bei Benutzung der zweiten Gleichung der Fehler von $b_2 y$ durch das kleinere a_2 dividiert wird. In dem obigen Beispiel ergibt sich mit dem Rechenschieber aus der ersten Gleichung

$$y = 0.87, \quad 3.3\,y = 2.87, \quad x = \frac{2.13}{55} = 0.0388.$$

Bei Benutzung der zweiten Gleichung dagegen gibt der Rechenschieber $4.3\,y = 3.74$, $x = 0.04$. Im ersten Falle kann man also mit dem Rechenschieber den Wert von x auf etwa $\frac{1}{3}$ Prozent genau finden, im zweiten Falle dagegen weitaus nicht so genau.

Im zweiten Falle genügt es nicht, den Wert von y nur auf etwa

1 Prozent zu kennen, um den Wert von x etwa mit derselben relativen Genauigkeit zu berechnen.

Die Größenunterschiede der Koeffizienten a_2 und a_1 können so groß sein, daß $\frac{a_2}{a_1} b_1$ und $\frac{a_2}{a_1} l_1$ gegen b_2 und l_2 überhaupt nicht in Betracht kommen. Dann hätte man für y einfach die Gleichung $b_2 y + l_2 = 0$ zu setzen, mit anderen Worten, man könnte das Glied $a_2 x$ in der zweiten Gleichung vernachlässigen. Ist zugleich $\frac{b_1}{b_2}$ so klein, daß $\frac{b_1}{b_2} l_2$ gegen l_1 nicht in Betracht kommt, so ergibt sich $a_1 x + l_1 = 0$, d. h. es kann in der ersten Gleichung das Glied mit y vernachlässigt werden.

Z. B.
$$\begin{aligned} 123\,x - y + 53 &= 0 \\ 0.5\,x + 201\,y - 47 &= 0. \end{aligned}$$

Die Werte $x = -\frac{53}{123} = -0.43$ und $y = \frac{47}{201} = 0.23$ sind Näherungen der Lösungen. Man kann diese Näherungen benutzen, um genauere Werte zu finden. Indem man den Näherungswert von y in die erste Gleichung einsetzt, ergibt sich $x = \frac{52.77}{123}$ und indem man den Näherungswert von x in die zweite Gleichung einsetzt, ergibt sich $y = \frac{47.215}{201}$ (vergl. Abschnitt III § 12).

Es kann vorkommen, daß in den gegebenen Gleichungen a_2 und a_1 keine wesentlichen Größenunterschiede zeigen, daß aber auf leichte Weise aus den beiden gegebenen Gleichungen eine dritte abgeleitet werden kann, in der der Koeffizient von x sehr klein gegen a_1 oder a_2 ist und die dann mit einer der beiden gegebenen Gleichungen bequem zur Berechnung verwendet werden kann. Ist z. B. a_1 nahezu gleich a_2, so kann man die Differenz der beiden Gleichungen bilden.

Z. B.
$$\begin{array}{rrrl} 123\,x & -51\,y & +37 & = 0 \\ 122\,x & +43\,y & -22 & = 0 \\ \hline x & -94\,y & +59 & = 0 \end{array}$$

$$\begin{array}{rrrl} 123 & -51 & 37 & \\ 1 & -94 & 59 & \\ & -\ 0.4 & +\ 0.3 & \\ \hline & -\ 93.6 & 58.7 & y = 0.627. \end{array}$$

Zugleich gibt die Summe der beiden Gleichungen

$$\begin{array}{rl} 245\,x - 8\,y & + 15 \quad = 0 \\ 8\,y & - \ 5.016 = 0 \\ \hline & 9.984 \end{array}$$

$$x = -\frac{9.984}{245} = -0.0407.$$

Ebenso wenn a_1 nahezu gleich $2\,a_2$ wäre, so könnte man die zweite Gleichung mit 2 multipliziert von der ersten abziehen und so eine Gleichung erzielen, in der der Koeffizient von x klein ist.

Unter Umständen kann es auch zweckmäßig sein, statt einer der beiden Unbekannten eine Kombination der beiden einzuführen. Ist z. B. b_2 nahezu gleich a_2, so kann man $x + y = y'$ setzen und hat dann

$$(a_1 - b_1)\,x + b_1\,y' + l_1 = 0$$
$$(a_2 - b_2)\,x + b_2\,y' + l_2 = 0.$$

Jetzt ist $a_2 - b_2$ klein, und man kann die erste Gleichung mit $\frac{a_2 - b_2}{a_1 - b_1}$ multipliziert von der zweiten abziehen und kann dabei die Rechnung auf wenige Stellen beschränken.

Z. B.
$$522\,x - 177\,y - 66 = 0$$
$$433\,x + 431\,y + 103 = 0.$$

Daraus für $x + y = y'$

$$\begin{array}{rrr} 699\,x & -177\,y' & - \ 66 = 0 \\ 2\,x & +431\,y' & +103 = 0 \\ & -0.51 & -0.19 \\ \hline & 431.51 & 103.19 \end{array} \qquad y' = -\frac{103.19}{431.51} = -0.239$$

$$\begin{array}{rl} & -66 \\ -177\,y' = & +42.3 \\ \hline & -23.7 \end{array}$$

$$x = \frac{23.7}{699} = +0.0340$$

$$y = -0.273.$$

Man kann durch Einführung einer neuen Veränderlichen auch die Lösung der Gleichung finden.

Es sei nämlich $x + k\,y = x'$, dann ist

$$a_1\,x' + (b_1 - k\,a_1)\,y + l_1 = 0$$
$$a_2\,x' + (b_2 - k\,a_2)\,y + l_2 = 0.$$

Wird nun $k = \frac{b_1}{a_1}$ gesetzt, so fällt y aus der ersten Gleichung heraus und man hat $x' = -\frac{l_1}{a_1}$. Dieser Wert wird in die zweite Gleichung eingesetzt, die alsdann in eine Gleichung für y übergeht.

$$\left(b_2 - \frac{b_1}{a_1} a_2\right) y + \left(l_2 - \frac{l_1}{a_1} a_2\right) = 0.$$

Nachdem auch y gefunden ist, hat man $x = x' - \frac{b_1}{a_1} \cdot y$.

Es kommt die Aufgabe vor, daß zwei Unbekannte x und y die Lösungen zweier Gleichungen

$$a_1 x + b_1 y + l_1 = 0$$
$$a_2 x + b_2 y + l_2 = 0$$

sein sollen, für welche der Wert U einer linearen Funktion $a_3 x + b_3 y + l_3$ berechnet werden soll. Dies kann auf folgende Weise bequem ausgeführt werden. Man zieht die linke Seite der ersten Gleichung mit $\frac{a_2}{a_1}$ multipliziert von der linken Seite der zweiten ab und mit $\frac{a_3}{a_1}$ multipliziert von der linearen Funktion $a_3 x + b_3 y + l_3$ ab. Dadurch wird der Wert der letzteren nicht geändert; aber das Glied mit x fällt dadurch fort und wir erhalten

$$\left(b_2 - \frac{a_2}{a_1} b_1\right) y + \left(l_2 - \frac{a_2}{a_1} l_1\right) = 0$$
$$\left(b_3 - \frac{a_3}{a_1} b_1\right) y + \left(l_3 - \frac{a_3}{a_1} l_1\right) = U.$$

Der Abkürzung wegen möge geschrieben werden

$$b_2' y + l_2' = 0$$
$$b_3' y + l_3' = U.$$

Nun wird die linke Seite der Gleichung $b_2' y + l_2'$ mit $\frac{b'_3}{b_2'}$ multipliziert von $b_3' y + l_3'$ abgezogen, wodurch wiederum der Wert dieser Größe nicht geändert wird. Dadurch wird auch das Glied mit y fortgeschafft und man erhält den Wert von U:

$$l_3' - \frac{b_3'}{b_2'} l_2' = U.$$

Zugleich ist $y = -\frac{l_2'}{b_2'}$ und durch Einsetzen dieses Wertes findet man, wie oben angegeben ist, den Wert von x.

Die Rechnung geschieht zweckmäßig nach folgendem Schema:

$$\begin{array}{ccc}
a_1 & b_1 & l_1 \\ \hline
a_2 & b_2 & l_2 \\
 & \frac{a_2}{a_1} b_1 & \frac{a_2}{a_1} l_1 \\ \hline
a_3 & b_3 & l_3 \\
 & \frac{a_3}{a_1} b_1 & \frac{a_3}{a_1} l_1 \\ \hline\hline
 & b_2' & l_2' \\ \hline
 & b_3' & l_3' \\
 & & \frac{b_3'}{b_2'} l_2' \\ \hline\hline
 & & U.
\end{array}$$

Beispiel:

$$\begin{aligned}
11.3\,x - 2.7\,y + 15.4 &= 0 \\
17.1\,x + 13.5\,y - 11.2 &= 0 \\
19.2\,x - 10.8\,y + 12.6 &= U
\end{aligned}$$

$$\begin{array}{rrr}
11.3 & -\ 2.7 & +\ 15.4 \\ \hline
17.1 & +\ 13.5 & -\ 11.2 \\
 & -\ 4.1 & +\ 23.3 \\ \hline
19.2 & -\ 10.8 & +\ 12.6 \\
 & -\ 4.6 & +\ 26.2 \\ \hline\hline
 & 17.6 & -\ 34.5 \\ \hline
 & -\ 6.2 & -\ 13.6 \\
 & & +\ 12.2 \\ \hline\hline
 & & -\ 25.8.
\end{array}$$

Eine andere Art, dieselbe Aufgabe zu lösen, ist die folgende. Statt x werde die neue Veränderliche $x' = x + \frac{b_1}{a_1} y$ eingeführt. Wir erhalten dann

$$\begin{aligned}
a_1 x' \phantom{+ \left(b_2 - \frac{b_1}{a_1} a_2\right) y} + l_1 &= 0 \\
a_2 x' + \left(b_2 - \frac{b_1}{a_1} a_2\right) y + l_2 &= 0 \\
a_3 x' + \left(b_3 - \frac{b_1}{a_1} a_3\right) y + l_3 &= U.
\end{aligned}$$

Wird dann statt x' wieder eine neue Veränderliche $x'' = x' + \frac{l_1}{a_1}$ eingeführt, so ergibt sich

$$\begin{aligned} a_1 x'' \qquad\qquad\qquad &= 0 \\ a_2 x'' + b_2' y + l_2' &= 0 \\ a_3 x'' + b_3' y + l_3' &= U, \end{aligned}$$

wo gerade wie oben b_2' für $b_2 - \frac{b_1}{a_1} a_2$, b_3' für $b_3 - \frac{b_1}{a_1} a_3$, l_2' für $l_2 - \frac{l_1}{a_1} a_2$, l_3' für $l_3 - \frac{l_1}{a_1} a_3$ geschrieben ist. Da nun x'' infolge der ersten Gleichung Null sein muß (a_1 wird von Null verschieden vorausgesetzt), so fallen in den beiden andern Gleichungen die Glieder, die x enthalten, fort und wir erhalten

$$\begin{aligned} b_2' y + l_2' &= 0 \\ b_3' y + l_3' &= U. \end{aligned}$$

Wird nun für y die neue Veränderliche $y' = y + \frac{l_2'}{b_2'}$ eingeführt, so ergibt sich

$$\begin{aligned} b_2' y' \qquad\qquad\qquad &= 0 \\ b_3' y' + \left(l_3' - \frac{l_2'}{b_2'} b_3'\right) &= U. \end{aligned}$$

Da wiederum ($b_2' \gtrless 0$ vorausgesetzt) y' Null sein muß, so folgt wie oben

$$l_3' - \frac{l_2'}{b_2'} b_3' = U.$$

Zugleich ergibt sich $y = -\frac{l_2'}{b_2'}$ und $x' = -\frac{l_1}{a_1}$ und daraus $x = -\frac{b_1}{a_1} y + x'$. Die Rechnung kann nach folgendem Schema ausgeführt werden:

$$\begin{array}{c|c|c||cc||c} a_1 & b_1 & l_1 & & & \\ a_2 & b_2 & l_2 & b_2' & l_2' & \\ & \frac{b_1}{a_1} a_2 & \frac{l_1}{a_1} a_2 & & & \\ a_3 & b_3 & l_3 & b_3' & l_3' & U \\ & \frac{b_1}{a_1} a_3 & \frac{l_1}{a_1} a_3 & & \frac{l_2'}{b_2'} b_3' & \end{array}$$

Beispiel:

$$\begin{aligned} 11.3\,x - 2.7\,y + 15.4 &= 0 \\ 17.1\,x + 13.5\,y - 11.2 &= 0 \\ 19.2\,x - 10.8\,y + 12.6 &= U \end{aligned}$$

11.3	— 2.7	15.4			
17.1	+ 13.5	— 11.2	17.59	— 34.5	
	— 4.09	+ 23.3			
19.2	— 10.8	+ 12.6	— 6.21	— 13.5	— 25.7
	— 4.59	+ 26.1		+ 12.2	

Man erkennt, daß das Schema dieser zweiten Rechnungsart in das Schema der ersten übergeht, wenn die Kolonnen mit den Reihen vertauscht werden, d. h. wenn man die 9 Koeffizienten so schreibt:

$$\begin{matrix} a_1 & a_2 & a_3 \\ b_1 & b_2 & b_3 \\ l_1 & l_2 & l_3. \end{matrix}$$

Daraus ergibt sich der Satz, daß der Wert von U derselbe bleibt, wenn man statt der drei gegebenen Gleichungen schreibt:

$$\begin{aligned} a_1 x + a_2 y + a_3 &= 0 \\ b_1 x + b_2 y + b_3 &= 0 \\ l_1 x + l_2 y + l_3 &= U, \end{aligned}$$

die Werte von x und y dagegen bleiben im allgemeinen nicht dieselben.

Zur Kontrolle der Rechnung kann man sich des folgenden Verfahrens bedienen. Bezeichne s_1 die Summe $a_1 + b_1 + l_1$, s_2 die Summe $a_2 + b_2 + l_2$, s_3 die Summe $a_3 + b_3 + l_3$, so wird offenbar $s_2 - \frac{a_2}{a_1} s_1 = b_2' + l_2'$ und $s_3 - \frac{a_3}{a_1} s_1 = b_3' + l_3'$. Wenn man also zu den drei Kolonnen noch als vierte $s_1\, s_2\, s_3$ hinzufügt

$$\begin{matrix} a_1 & b_1 & l_1 & s_1 \\ a_2 & b_2 & l_2 & s_2 \\ a_3 & b_3 & l_3 & s_3 \end{matrix}$$

und hier dieselben Rechnungen wie oben vornimmt, d. h. das Glied s_1 der ersten Reihe mit $\frac{a_2}{a_1}$ multipliziert von s_2 abzieht und mit $\frac{a_3}{a_1}$ von s_3 abzieht, so erhält man

$$\begin{matrix} b_2' & l_2' & s_2' \\ b_3' & l_3' & s_3'. \end{matrix}$$

Dabei ist s_2' für $s_2 - \frac{a_2}{a_1} s_1$ und s_3' für $s_3 - \frac{a_3}{a_1} s_1$ geschrieben. Jetzt muß wieder $b_2' + l_2' = s_2'$ und $b_3' + l_3' = s_3'$ sein und daher $s_3' - \frac{b_3'}{b_2'} s_2' = l_3' - \frac{b_3'}{b_2'} l_2'$. Rechnet man also weiter, indem man die

Reihe $b_2' \, l_2' \, s_2'$ mit $\frac{b_3'}{b_2'}$ multipliziert von der nächsten Reihe abzieht, so muß sich zweimal derselbe Wert U ergeben.

Beispiel:

$$11.3\,x - 2.7\,y + 15.4 = 0$$
$$17.1\,x + 13.5\,y - 11.2 = 0$$
$$19.2\,x - 10.8\,y + 12.6 = U$$

11.3	− 2.7	+ 15.4	+ 24.0
17.1	+ 13.5	− 11.2	+ 19.4
	− 4.1	+ 23.3	+ 36.3
19.2	− 10.8	+ 12.6	+ 21.0
	− 4.6	+ 26.2	+ 40.8
	+ 17.6	− 34.5	− 16.9
	− 6.2	− 13.6	− 19.8
		+ 12.2	+ 6.0
		− 25.8	− 25.8

Dieselbe Kontrolle läßt sich natürlich auch bei der zweiten Art der Rechnung anwenden. Es treten dann nur die Summen der Glieder einer Kolonne an die Stelle der Summen der Glieder einer Reihe.

Bei allen diesen Rechnungen ist vorausgesetzt, daß weder a_1 noch b_2' verschwindet. Denn sonst könnte man die Divisionen $\frac{a_2}{a_1}$ und $\frac{l_2'}{b_2'}$ nicht ausführen. Gesetzt nun, es wäre $a_1 \gtrless 0$ aber $b_2' = 0$, so würde die Gleichung, welche entsteht, wenn man die erste Gleichung mit $\frac{a_2}{a_1}$ multipliziert, von der zweiten abzieht, in $l_2' = 0$ übergehen. Nur wenn diese Bedingung $l_2' = 0$ erfüllt ist, würden also Werte von x und y existieren, die gleichzeitig die beiden Gleichungen befriedigen. Wäre $b_2' = 0$ und $l_2' \gtrless 0$, so würde das heißen, daß die Annahme der Existenz von Werten für x und y, die den beiden Gleichungen genügen, auf einen Widerspruch, führt. Man erkennt das am besten, wenn man wie oben die Veränderliche $x'' = x + \frac{b_1}{a_1} y + \frac{l_1}{a_1}$ einführt. Dann nehmen die beiden Gleichungen, wie oben gezeigt, die Form an:

$$a_1 x'' = 0$$
$$a_2 x'' + b_2' y + l_2' = 0$$

und wenn $b_2' = 0$ ist:

$$a_1 x'' = 0$$
$$a_2 x'' + l_2' = 0.$$

Ist $l_2' \gtrless 0$, so enthalten die beiden Gleichungen zwei einander widersprechende Forderungen. Die erste enthält die Forderung $x'' = 0$, die zweite die Forderung $x'' = -\frac{l_2'}{a_2}$. Ist dagegen $l_2' = 0$, so enthalten beide Gleichungen dieselbe Forderung $x'' = 0$ und man kann daher die zweite Gleichung ganz außer Betracht lassen. In diesem Falle hat man es also nur mit der Gleichung $x'' = 0$ oder

$$x = -\frac{b_1}{a_1} y - \frac{l_1}{a_1}$$

zu tun. Die Werte von x und y sind nicht bestimmt. Man kann y ganz beliebig annehmen und x demgemäß berechnen. Ist die Voraussetzung $a_1 \gtrless 0$ nicht erfüllt, so könnte man die zweite Gleichung $a_2 x + b_2 y + l_2 = 0$ mit der ersten vertauschen; dann würde in dem Rechnungsschema a_2 an die Stelle von a_1 treten und zugleich b_2, l_2 an die Stelle von b_1, l_1, und die Rechnung ließe sich ausführen, wenn nicht a_2 auch gleich Null wäre. Das aber kann als ausgeschlossen gelten. Denn wenn a_1 und a_2 beide Null wären, so würde das bedeuten, daß die Größe x in den beiden Gleichungen überhaupt nicht vorkommt.

Beispiel:
$$\begin{aligned} 1.7\,x - 1.3\,y + 4.5 &= 0 \\ -3.4\,x + 2.6\,y - 2.3 &= 0. \end{aligned}$$

Diese Gleichungen enthalten einen Widerspruch. Wird die erste Gleichung mit -2 multipliziert und von der zweiten abgezogen, so ergibt sich

$$6.7 = 0.$$

Wenn wir dagegen schreiben

$$\begin{aligned} 1.7\,x - 1.3\,y + 4.5 &= 0 \\ -3.4\,x + 2.6\,y - 9.0 &= 0, \end{aligned}$$

so erhalten die beiden Gleichungen dieselbe Forderung

$$x = \frac{1.3}{1.7} y - \frac{4.5}{1.7}.$$

Statt die beiden Gleichungen zu vertauschen, wenn $a_1 = 0$ sein sollte, kann man auch x und y ihre Rollen vertauschen lassen, d. h. man kann die beiden Kolonnen vertauschen. Dann tritt b_1 an die Stelle von a_1 und man kann den Fall, daß mit $a_1 = 0$ auch $b_1 = 0$ wäre, als ausgeschlossen betrachten. Denn es hieße, daß in der ersten Gleichung die Unbekannten überhaupt nicht enthalten sind. Die Gleichung müßte sich dann auf $l_1 = 0$ reduzieren und würde, wenn wie hier l_1 als feste Zahl vorausgesetzt wird, entweder einen Widerspruch oder eine Identität $(0 = 0)$ enthalten.

Man kann den drei Gleichungen

$$a_1 x + b_1 y + l_1 = 0$$
$$a_2 x + b_2 y + l_2 = 0$$
$$a_3 x + b_3 y + l_3 = U$$

geometrische Bedeutungen beilegen, wenn man x und y als Koordinaten in einer Ebene deutet. Die beiden ersten Gleichungen sind die Gleichungen zweier gerader Linien. Die gemeinsame Lösung liefert die Koordinaten des Durchschnittspunktes der beiden Geraden. Setzt man diese Koordinaten in die linke Seite der dritten Gleichung ein, so hat auch U eine geometrische Bedeutung. Man denke sich auf der Geraden, deren Gleichung $a_3 x + b_3 y + l_3 = 0$ ist, eine Strecke $A\,B$ abgetragen, deren Projektionen auf die Koordinatenachsen gleich b_3 und $-a_3$ sind; dann ist, wenn S den Schnittpunkt der beiden ersten Geraden bezeichnet, der Wert von U gleich dem doppelten Inhalt des Dreiecks $A\,B\,S$. Dabei haben wir den Inhalt des Dreiecks positiv oder negativ zu rechnen, nach folgender Maßgabe.

Wir unterscheiden die beiden Seiten der dritten Geraden als positive und negative Seite. Die positive Seite ist diejenige, welche zu der Strecke $A\,B$ so liegt, wie die Seite der positiven y zu der positiven Richtung der x. Der Flächeninhalt des Dreiecks ist dann positiv oder negativ, je nachdem S auf der positiven oder negativen Seite der dritten Geraden liegt. Oder mit anderen Worten U ist das Drehungsmoment einer Kraft $A\,B$ in Bezug auf den Durchschnittspunkt der beiden ersten Geraden je nach dem Drehungssinn positiv oder negativ gerechnet.

Seien nämlich x_1 und y_1 die Koordinaten eines Punktes A einer Geraden, deren Gleichung

$$a\,x + b\,y + c = 0$$

ist, so hat man

$$a\,x_1 + b\,y_1 + c = 0.$$

Sind nun x, y die Koordinaten eines beliebigen Punktes P, der nicht auf der Geraden zu liegen braucht, so kann man in dem Ausdruck $a\,x + b\,y + c$ den Wert von c durch $-a\,x_1 - b\,y_1$ ersetzen und hat daher

$$a\,x + b\,y + c = a\,(x - x_1) + b\,(y - y_1).$$

Trägt man von A aus eine Strecke $A\,B$ ab, deren Projektionen $b, -a$ sind, so ist $a\,(x - x_1) + b\,(y - y_1)$ das Drehungsmoment einer Kraft $A\,B$ in Bezug auf den Punkt P. Man erkennt dies bei rechtwinkligen Koordinaten sofort durch Einführung des Winkels $(A\,B)$, den die Richtung $A\,B$ mit der x-Achse macht, und des Winkels $(A\,P)$, den die Richtung $A\,P$ mit der x-Achse macht. Die Winkel werden von der Richtung der positiven

x-Achse nach der Seite der positiven y beginnend von 0 bis 360° gezählt. Es ist dann

$$b = A\,B \cos (A\,B), \quad -a = A\,B \sin (A\,B)$$
$$x - x_1 = A\,P \cos (A\,P), \quad y - y_1 = A\,P \sin (A\,P)$$

und daher

$$a\,(x - x_1) + b\,(y - y_1) = A\,B \cdot A\,P \cdot \sin((A\,P) - (A\,B)).$$

Die Bedingung $b_1' = 0$, welche, wie wir oben fanden, bedeutet, daß die ersten beiden Gleichungen entweder sich widersprechen oder dasselbe besagen, hat die geometrische Bedeutung, daß die beiden Geraden einander parallel sind oder zusammenfallen.

$U = 0$ bedeutet, daß die dritte Gerade durch den Schnittpunkt der ersten beiden geht.

---

§ 3. Lineare Gleichungen mit mehr als zwei Unbekannten.

Sind mehr als zwei Unbekannte vorhanden, so läßt sich die Rechnung in analoger Weise durchführen. Es soll hier nur noch für drei Unbekannte geschehen, da man unmittelbar sieht, wie sich der Fall von beliebig vielen Unbekannten gestaltet. Dabei werde gleich der Wert einer vierten linearen Funktion der drei Unbekannten mit berechnet.

$$\begin{aligned}
a_1\,x + b_1\,y + c_1\,z + l_1 &= 0\\
a_2\,x + b_2\,y + c_2\,z + l_2 &= 0\\
a_3\,x + b_3\,y + c_3\,z + l_3 &= 0\\
a_4\,x + b_4\,y + c_4\,z + l_4 &= U.
\end{aligned}$$

Von den Größen a_1, a_2, a_3 kann mindestens eine als von Null verschieden vorausgesetzt werden, weil sonst x in den drei Gleichungen gar nicht vorkommen würde, also auch nicht berechnet werden kann. Wir denken uns eine Gleichung an den Anfang gestellt, in der der Koeffizient von x von Null verschieden ist. Dann werde die erste Gleichung mit $\frac{a_2}{a_1}$ multipliziert, von der zweiten Glied für Glied abgezogen, mit $\frac{a_3}{a_1}$ von der dritten, mit $\frac{a_4}{a_1}$ von der vierten. Auf diese Weise entstehen drei neue Gleichungen, die so bezeichnet werden mögen:

$$\begin{aligned}
b_2'\,y + c_2'\,z + l_2' &= 0\\
b_3'\,y + c_3'\,z + l_3' &= 0\\
b_4'\,y + c_4'\,z + l_4' &= U.
\end{aligned}$$

Ist von den Größen b_2', b_3' mindestens eine von Null verschieden, so denke man sich die betreffende Gleichung vorangestellt, so daß also $b_2' \gtrless 0$ ist. Sind dagegen b_2' und b_3' beide Null, so lasse man y und z ihre Rollen vertauschen, so daß die dritte Kolonne an Stelle der zweiten tritt. Wenn nicht zugleich c_2' und c_3' verschwinden, so läßt sich demnach immer erreichen, daß der Koeffizient des ersten Gliedes in der ersten dieser drei Gleichungen nicht verschwindet, und es ist daher keine Beschränkung der Allgemeinheit gleich b_2' als von Null verschieden vorauszusetzen. Sind aber die vier Größen b_2', c_2', b_3', c_3' Null, so enthalten die beiden Gleichungen $l_2' = 0$ und $l_3' = 0$ entweder einen Widerspruch oder eine Identität, je nachdem die Zahlen l_2' und l_3' Null sind oder nicht. Im letzteren Falle gibt es keine Lösung der drei gegebenen Gleichungen, im ersteren Falle sind die zweite und dritte der gegebenen Gleichungen eine Folge der ersten, und es haben daher y und z ganz beliebige Werte, zu denen das x immer passend bestimmt werden kann.

Ist $b_2' \gtrless 0$, so werde die Gleichung $b_2' y + c_2' z + l_2' = 0$ einmal mit $\frac{b_3'}{b_2'}$ multipliziert, von der zweiten Gleichung abgezogen und einmal mit $\frac{b_4'}{b_2'}$ multipliziert von der dritten. Auf diese Weise entstehen zwei neue Gleichungen, die so bezeichnet werden mögen:

$$c_3'' z + l_3'' = 0$$
$$c_4'' z + l_4'' = U.$$

Ist $c_3'' = 0$, so enthält die erste Gleichung einen Widerspruch oder eine Identität, je nachdem die Zahl l_3'' von Null verschieden oder gleich Null ist.

Im ersten Fall ist es nicht möglich, die drei gegebenen Gleichungen durch dasselbe Wertepaar zu befriedigen. Im zweiten Fall ist die Gleichung $b_3' y + c_3' z + l_3' = 0$ eine Folge der Gleichung $b_2' y + c_2' z + l_2' = 0$. Der Wert von z bleibt alsdann ganz beliebig und man kann die Werte von x und y immer passend so bestimmen, um den drei gegebenen Gleichungen zu genügen.

Ist $c_3'' \gtrless 0$, so werde die Gleichung $c_3'' z + l_3'' = 0$ mit $\frac{c_4''}{c_3''}$ multipliziert und von der zweiten Gleichung abgezogen. Dann ergibt sich

$$l_4'' - \frac{c_4''}{c_3''} \cdot l_3'' = U,$$

zugleich ist

$$z = -\frac{l_3''}{c_3''}$$

$$y = -\frac{c_2'}{b_2'}z - \frac{l_2'}{b_2'}$$

$$x = -\frac{b_1}{a_1}y - \frac{c_1}{a_1}z - \frac{l_1}{a_1}.$$

Beispiel:

$$\begin{aligned} 256\,x + 146\,y - 105\,z + 354 &= 0 \\ 146\,x + 346\,y - 124\,z + 223 &= 0 \\ -105\,x - 124\,y + 339\,z - 13 &= 0 \\ +354\,x + 223\,y - 13\,z + 569 &= U \end{aligned}$$

256	+ 146	— 105	+ 354	+ 51.3	
146	+ 346	— 124	+ 223	— 29.0	$x = -1.47$
	+ 83	— 60	+ 202	+ 354	
— 105	— 124	+ 339	— 13	+ 376.3	
	— 60	+ 43	— 145		
+ 354	+ 223	— 13	+ 569		
	+ 202	— 145	+ 490		
	+ 263	— 64	+ 21	+ 31.3	
	— 64	+ 296	+ 132	+ 21	$y = -0.199$
		+ 16	— 5	52.3	
	+ 21	+ 132	+ 79		
		— 5	+ 2		
		+ 280	+ 137		$z = -0.489$
		+ 137	+ 77		
			+ 67		
			+ 10		

Die Koeffizienten bilden in diesem Falle ein sogenanntes symmetrisches System, d. h. ein solches, das bei der Vertauschung von Reihen und Kolonnen ungeändert bleibt. Man sieht sogleich, daß auch die abgeleiteten Koeffizienten

$$\begin{matrix} b_2' & c_2' & l_2' \\ b_3' & c_3' & l_3' \\ b_4' & c_4' & l_4' \end{matrix}$$

ebenso wie

$$\begin{matrix} c_3'' & l_3'' \\ c_4'' & l_4'' \end{matrix}$$

symmetrische Systeme bilden müssen. Denn es ist z. B. $b_3' = b_3 - \frac{a_3}{a_1} b_1$,

$c_2' = c_2 - \frac{a_2}{a_1} c_1$. Da $b_3 = c_2$, $a_3 = c_1$, $b_1 = a_2$, so muß $b_3' = c_2'$ werden. Man kann daher, um Wiederholungen zu vermeiden, die zweimal vorkommenden Koeffizienten nur einmal schreiben

$$\begin{matrix} b_2' & c_2' & l_2' \\ & c_3' & l_3' \\ & & l_4' \end{matrix}$$

und ebenso

$$\begin{matrix} c_3'' & l_3'' \\ & l_4''. \end{matrix}$$

Anstatt mit den Reihen kann man auch mit den Kolonnen operieren. Man führt zuerst statt x die neue Veränderliche $x' = x + \frac{b_1}{a_1} y$ ein. Dadurch verändert sich die zweite Kolonne und man erhält:

$$\begin{aligned} a_1 x' + c_1 z + l_1 &= 0 \\ a_2 x' + b_2' y + c_2 z + l_2 &= 0 \\ a_3 x' + b_3' y + c_3 z + l_3 &= 0 \\ a_4 x' + b_4' y + c_4 z + l_4 &= U. \end{aligned}$$

Für x' führt man dann die neue Veränderliche $x'' = x' + \frac{c_1}{a_1} z$ und endlich $x''' = x'' + \frac{l_1}{a_1}$ ein. Dann ergeben sich die Gleichungen

$$\begin{aligned} a_1 x''' &= 0 \\ a_2 x''' + b_2' y + c_2' z + l_2' &= 0 \\ a_3 x''' + b_3' y + c_3' z + l_3' &= 0 \\ a_4 x''' + b_4' y + c_4' z + l_4' &= U. \end{aligned}$$

Da a_1 von Null verschieden vorausgesetzt wird, so ist infolge der ersten Gleichung $x''' = 0$ und die übrigen enthalten dann nur die beiden Veränderlichen y und z, mit denen man gerade so verfährt, wie oben für den Fall zweier Veränderlicher auseinandergesetzt wurde. Die Rechnung mit den Kolonnen führt also durchaus auf dieselben Koeffizienten wie die Rechnung mit den Reihen, und es zeigt sich auch im Falle mehrerer Veränderlichen, daß der Wert von U derselbe sein muß, wenn man die Kolonnen und Reihen vertauschend schreibt:

$$\begin{aligned} a_1 x + a_2 y + a_3 z + a_4 &= 0 \\ b_1 x + b_2 y + b_3 z + b_4 &= 0 \\ c_1 x + c_2 y + c_3 z + c_4 &= 0 \\ l_1 x + l_2 y + l_3 z + l_4 &= U, \end{aligned}$$

obschon die Werte x, y, z im allgemeinen nicht dieselben sein würden.

Bei der Rechnung mit den Kolonnen ergeben sich die Unbekannten aus den Relationen

$$x''' = x + \frac{b_1}{a_1} y + \frac{c_1}{a_1} z + \frac{l_1}{a_1} = 0$$

$$y'' = y + \frac{c_2'}{b_2'} z + \frac{l_2'}{b_2'} = 0$$

$$z' = z + \frac{l_3''}{c_3''} = 0.$$

Bei beiden Verfahren, mit den Reihen und mit den Kolonnen, kann man wieder, wie oben für den Fall zweier Veränderlichen auseinandergesetzt ist, eine Kontrollrechnung durchführen, indem man die Summen der Glieder der Reihen oder der Kolonnen bildet und mit diesen die analogen Rechnungen durchführt. Aus $s_1\ s_2\ s_3\ s_4$ entstehen dann die Größen $s_2'\ s_3'\ s_4'$, wo $s_2' = s_2 - \frac{a_2}{a_1} s_1$ etc., wenn mit den Reihen gerechnet wird und $s_2' = s_2 - \frac{b_1}{a_1} s_1$ etc., wenn mit den Kolonnen gerechnet wird. Aus $s_2'\ s_3'\ s_4'$ entstehen in analoger Weise $s_3''\ s_4''$ und aus diesen muß sich der Wert von U ergeben. Weicht er von dem aus den Koeffizienten unmittelbar gefundenen Werte mehr ab, als der Unsicherheit der Rechnung zugeschrieben werden kann, so deutet das auf einen Fehler in der Rechnung. Die Reihe oder die Kolonne, in welcher der Fehler begangen ist, findet man, indem man zurückgeht und probiert, wo zum erstenmal die Summe der Glieder nicht mit dem betreffenden s übereinstimmt.

Z. B.

a	b	c	l	s
+ 256	+ 146	— 105	+ 354	+ 651
+ 146	+ 346	— 124	+ 223	+ 591
	+ 83	— 60	+ 202	+ 371
— 105	— 124	+ 339	— 13	+ 97
	— 60	+ 43	— 145	— 267
+ 354	+ 223	— 13	+ 569	+ 1133
	+ 202	— 145	+ 490	+ 901
	+ 263	— 64	+ 21	+ 220
	— 64	+ 296	+ 132	+ 364
		+ 16	— 5	— 53
	+ 21	+ 132	+ 79	+ 232
		— 5	+ 2	+ 18
		+ 312	+ 137	+ 417
		+ 137	+ 77	+ 214
			+ 60	+ 184
			+ 17	+ 30

Die Abweichung zwischen 17 und 30 weist auf einen Fehler. Die Prüfung zeigt, daß in der Reihe + 312 + 137 + 418 das letzte Glied nicht gleich der Summe der ersten ist. In dieser Reihe steckt also ein Fehler. Bei den beiden Reihen + 263 — 64 + 21 + 220 und — 64 + 296 + 132 + 364, aus denen jene Reihe berechnet ist, ist dagegen das letzte Glied gleich der Summe der ersten Glieder. Es ist daher zu vermuten, daß der Fehler bei der Berechnung jener Reihe begangen ist. In der Tat zeigt sich, daß das Glied + 312 falsch ist und 280 heißen müßte. Mit 280 stimmt dann die Probe:

+ 280	+ 137	+ 417
+ 137	+ 77	+ 214
	+ 67	+ 204
	10	10

§ 4. Anwendungen linearer Gleichungen.

Die Auflösung linearer Gleichungen spielt eine Rolle bei der Ausgleichung von Beobachtungen durch die Methode der kleinsten Quadrate. Es sei eine Größe z. B. y eine lineare Funktion von x, deren Werte $y_1\, y_2 \cdots y_n$ für eine Reihe von Werten $x_1\, x_2 \cdots x_n$ beobachtet worden sind. Wenn die Beobachtungen absolut genau wären, so müßte es zwei Werte u und v geben, derart, daß $u + v\,x_1 - y_1 = 0$, $u + v\,x_2 - y_2 = 0, \ldots,$ $u + v x_n - y_n = 0$ wäre, und zwei dieser Beobachtungen würden genügen, um die Werte von u und v zu bestimmen. Statt dessen sind nun aber die Beobachtungen mit Fehlern behaftet, so daß $u + v\,x_1 - y_1 = \varepsilon_1$, $u + v\,x_2 - y_2 = \varepsilon_2 \cdots u + v\,x_n - y_n = \varepsilon_n$ ist. Die Größen $\varepsilon_1\, \varepsilon_2 \cdots \varepsilon_n$ können die Fehler der Beobachtungen genannt werden, da sie die Beträge darstellen, die zu $y_1\, y_2 \cdots y_n$ hinzugefügt werden müßten, um die wahren Werte zu erhalten. Nach der Methode der kleinsten Quadrate nimmt man nun für u und v diejenigen Werte als die plausibelsten an, für welche die Summe der Fehler-Quadrate $U = \varepsilon_1^2 + \varepsilon_2^2 + \cdots + \varepsilon_n^2$ möglichst klein wird. Die Werte von u und v, die dieser Bedingung genügen, sind die Lösungen zweier linearen Gleichungen. Denkt man sich nämlich an Stelle von u und v die Werte $u + h$ und $v + k$ eingesetzt, so wird ε_r übergehen in $\varepsilon_r + h + k\,x_r$, ε_r^2 wird daher übergehen in $(\varepsilon_r + h + k\,x_r)\,(\varepsilon_r + h + k\,x_r)$, d. h. in

$$\varepsilon_r^2 + 2\,h\,\varepsilon_r + 2\,k\,x_r\,\varepsilon_r + (h + k\,x_r)^2.$$

U wird daher übergehen in

$$\begin{aligned} U &+ 2\,h\,(\varepsilon_1 + \varepsilon_2 + \cdots + \varepsilon_n) \\ &+ 2\,k\,(x_1\,\varepsilon_1 + x_2\,\varepsilon_2 + \cdots + x_n\,\varepsilon_n) \\ &+ (h + k\,x_1)^2 + (h + k\,x_2)^2 + \cdots + (h + k\,x_n)^2. \end{aligned}$$

Wenn man nun die Werte von u und v so bestimmt, daß

$$\begin{aligned} \varepsilon_1 + \varepsilon_2 + \cdots + \varepsilon_n &= 0 \\ x_1 \varepsilon_1 + x_2 \varepsilon_2 + \cdots + x_n \varepsilon_n &= 0, \end{aligned}$$

so wird der neue Wert von U gleich

$$U + (h + k x_1)^2 + \cdots + (h + k x_n)^2,$$

d. h. es treten zu U Glieder hinzu, deren Summe nur positiv sein kann, wenn die Beobachtungen für mehr als einen Wert von x gemacht sind. Mit andern Worten, es kann sich alsdann der Wert von U durch Änderung von u und v nur vergrößern und ist deshalb für die angenommenen Werte von u und v ein Minimum. Die beiden Gleichungen

$$\begin{aligned} \varepsilon_1 + \varepsilon_2 + \cdots + \varepsilon_n &= 0 \\ x_1 \varepsilon_1 + x_2 \varepsilon_2 + \cdots + x_n \varepsilon_n &= 0 \end{aligned}$$

können auch so geschrieben werden:

$$\begin{aligned} n u + [x] v - [y] &= 0 \\ [x] u + [x x] v - [x y] &= 0. \end{aligned}$$

Dabei bedeuten die eckigen Klammern die Summen der eingeschlossenen Größen für die Indices $1, 2, \ldots n$. Das Minimum $U = [\varepsilon \varepsilon]$ kann, da $\varepsilon_r \varepsilon_r = \varepsilon_r u + x_r \varepsilon_r v - \varepsilon_r y_r$ ist, so geschrieben werden

$$[\varepsilon] u + [x \varepsilon] v - [\varepsilon y] = U$$

und, da $[\varepsilon] = 0$ und $[x \varepsilon] = 0$, so reduziert sich der Wert auf $-[\varepsilon y]$ oder mit Einsetzung der Ausdrücke für ε:

$$-[y] u - [x y] v + [y y] = U.$$

Das Koeffizientensystem der linken Seiten der drei Gleichungen ist also symmetrisch

$$\begin{matrix} n, & [x], & -[y] \\ [x], & [x x], & -[x y] \\ -[y], & -[x y], & [y y] \end{matrix}$$

und es genügt zur Durchführung der Rechnung nur die Glieder hinzuschreiben:

$$\begin{matrix} n & [x] & -[y] \\ & [x x] & -[x y] \\ & & [y y]. \end{matrix}$$

Den Wert von U auszurechnen, hat den praktischen Zweck, daß man, nachdem u und v ausgerechnet sind, die Werte von $\varepsilon_1\, \varepsilon_2 \ldots \varepsilon_n$ und damit $[\varepsilon \varepsilon] = U$ ausrechnen kann. Die Übereinstimmung mit dem zuerst gefundenen Wert von U kontrolliert dann die ganze Rechnung.

Für die praktische Ausführung einer solchen Rechnung ist die folgende vorbereitende Maßregel von großer Wichtigkeit. Man rechnet nicht sogleich die Werte von u und v aus, sondern bestimmt zunächst Näherungswerte für u und v z. B. dadurch, daß man irgend zwei Beobachtungen y als richtig ansieht. Seien $u_0\, v_0$ die Näherungswerte, so bestimmt man nunmehr nach der Methode der kleinsten Quadrate Verbesserungen der Näherungswerte. Setzt man $u = u_0 + \alpha$, $v = v_0 + \beta$, so ist

$$\varepsilon_r = u + x_r\, v - y_r = \alpha + x_r\, \beta + (u_0 + x_r\, v_0 - y_r)$$

oder, wenn wir schreiben $l_r = u_0 + x_r\, v_0 - y_r$,

$$\varepsilon_r = \alpha + x_r\, \beta + l_r$$

und die drei Gleichungen zur Bestimmung von α, β, U werden

$$\begin{aligned} n\,\alpha + [x]\;\;\beta + [l]\;\; &= 0 \\ [x]\,\alpha + [x\,x]\,\beta + [x\,l] &= 0 \\ [l]\,\alpha + [x\,l]\,\beta + [l\,l] &= U. \end{aligned}$$

Die Korrektionen α und β werden, wenn die Näherungswerte gut gewählt sind, klein. Es genügt für die Berechnung von α und β eine geringe relative Genauigkeit. Daher brauchen auch die Koeffizienten nur auf wenige Stellen berechnet zu werden und die ganze Rechnung kann im allgemeinen ausreichend genau mit dem Rechenschieber durchgeführt werden.

1. Beispiel. In einem Linienspektrum seien die Wellenlängen einer Anzahl Linien bekannt, es sollen die Wellenlängen der übrigen Linien ermittelt werden. Es sei ein solches Stück des Linienspektrums gegeben, innerhalb dessen es als „normal" betrachtet werden kann, d. h. daß für das ganze Stück die Entfernung irgend zweier Linien der Differenz ihrer Wellenlängen proportional sei. Sind $x_1\, x_2 \ldots x_n$ die Abstände der bekannten Linien von irgendeinem willkürlich gewählten Punkte und sind $\lambda_1\, \lambda_2 \ldots \lambda_n$ die Wellenlängen dieser Linien, so müßte bei absolut richtigen Messungen sein:

$$u + v\, x_r - \lambda_r = 0.$$

Dabei bedeutet u die Wellenlänge einer Linie, die auf den Nullpunkt der x fiele, gleichgültig, ob eine Linie wirklich da liegt oder nicht. v bedeutet den Wellenlängenunterschied, der der Entfernung 1 entspricht. Die Größen u und v werden nun nach der Methode der kleinsten Quadrate bestimmt und dann kann man auch für jeden andern Abstand x die zugehörige Wellenlänge $u + v\, x$ ausrechnen. Praktisch geschieht das nun so, daß man gleich bei der Messung die Abstände x für die bekannten und unbekannten Linien, wie sie im Spektrum aufeinanderfolgen, mißt und zunächst sämtlich mit genäherten Werten von u und v ausrechnet. Alsdann werden aus den bekannten Linien die Korrektionen α und β durch die Methode der kleinsten Quadrate bestimmt und damit dann die Korrektionen $\alpha + x\beta$ der genäherten Wellenlängen berechnet.

Das folgende Beispiel enthält die Messung einer photographischen Spektralaufnahme. Das Spektrum war durch eine Geißlersche Röhre erzeugt, die ein Gemisch von Argon und Krypton enthielt. Die Messung geschah mit einem Abbeschen Komparator. Die Platte liegt dabei auf der einen Seite eines Schlittens, auf dessen anderer Seite ein fein geteilter Maßstab angebracht ist. Der Schlitten läßt sich gegen zwei feste Mikroskope verschieben, von denen das eine auf die Spektrallinien eingestellt wird, während man mit dem anderen die Verschiebung des Schlittens am Maßstab abliest:

Ablesungen am Maßstab in Tausendsteln eines Millimeters	bekannte Wellenlängen in Zehnmillionsteln eines Millimeters
30935.7	4847.96
31127.2	
31853.0	
32244.0	
33031.0	
33377.0	4806.17
35773.1	4765.03
35919.0	
37295.3	
38008.9	4727.03
40713.2	
43249.6	4637.32
43443.0	
44303.5	
44533.6	
44873.0	4609.74

Man berechnet zunächst, welche Wellenlängendifferenz der Entfernung von einem Tausendstel eines Millimeters genähert entspricht. Betrachtet man die erste und die letzte der bekannten Wellenlängen, so ergibt sich:

	Messung	Wellenlänge
	30935.7	4847.96
	44873.0	4609.74
Differenz:	13937.3	— 238.22

Einem Tausendstel Millimeter entspricht daher eine Abnahme der Wellenlänge um

$$\frac{238.22}{13937.3} = 0.0170923.$$

Mit dieser Zahl werden nun zunächst die sämtlichen Messungen in Wellenlängen umgerechnet. Zu dem Ende läßt man also der Messung 30935.7 die Wellenlänge 4847.96 entsprechen. Die nächste gemessene Zahl ist um 191.5 Tausendstel größer, die entsprechende Wellenlänge also um 191.5 × 0.0170923 Zehnmillionstel Millimeter kleiner. Die folgende gemessene Zahl ist abermals um 725.8 Tausendstel größer als die zweite, die Wellenlänge also um 725.8 × 0.0170923 Zehnmillionstel kleiner als die zweite. Diese Rechnung ist besonders bequem mit der Rechenmaschine auszuführen. Man stellt zu dem Ende 0.0170923 als Faktor unten ein und auf dem beweglichen Lineal die Wellenlänge 4847.96 und zieht nun zuerst das 191.5 fache ab, dann von dem Resultat das 725.8 fache usw. durch Umdrehen der Kurbel und durch Verschieben des Lineals ab. Dabei genügt es in diesem Falle entsprechend der Genauigkeit der Messung, die Wellenlängen auf nicht mehr als zwei Dezimalen hinzuschreiben. Die letzte Messung 44873.0 muß dann wieder die Wellenlänge 4609.74 ergeben. Kommt diese Zahl richtig heraus, so ist damit die ganze Rechnung kontrolliert; denn ein Fehler bei einer Zahl bleibt ja bei dieser Anordnung auch in den folgenden Zahlen stecken, es sei denn, daß er sich mit einem neuen Fehler gerade kompensierte. Stimmt die letzte Zahl nicht, so sucht man den Fehler in der Weise, daß man eine Zahl in der Mitte der Kolonne noch mal direkt aus der ersten Zahl berechnet. Stimmt sie überein, so liegt der Fehler in der zweiten Hälfte, im andern Falle in der ersten. Jetzt kontrolliert man wieder eine Zahl in der Mitte der Hälfte, in der der Fehler steckt u. s. f. So findet man alsbald die Zahl, bei der der Fehler begangen ist und rechnet von da an die Kolonne noch einmal oder man fügt zu allen Zahlen die Abweichung von den richtigen Werten hinzu, die ja für alle dieselbe sein muß, wenn nur ein Fehler begangen ist. Steht eine Rechenmaschine nicht zur Verfügung, so würde dieselbe Anordnung der Rechnung immer noch ihre Vorzüge haben. Man müßte dann die Differenzen der aufeinanderfolgenden Messungen hinschreiben, ihre Logarithmen bilden, den Logarithmus von 0.0170923 zu allen hinzufügen, die Numeri aufschlagen, und diese dann sukzessive von 4847.96 abziehen. Die Wellenlängen müßten dann aber mindestens auf 3 Dezimalen hingeschrieben werden, wenn man die Rechnung auf 2 Dezimalen richtig haben wollte.

Der Zeitgewinn bei Anwendung einer Rechenmaschine ist indessen so groß, daß bei einem gewerbsmäßigen Betriebe Zinsen und Amortisation der Maschine gegen den ersparten Arbeitslohn gar keine Rolle spielen würden. Auch ist die geistige Anstrengung bei der Anwendung der Rechenmaschine erheblich geringer.

$x_r - x_{r-1}$	$\log(x_r - x_{r-1})$	$\log(x_r - x_{r-1}) + \log(0.0170923)$	Numerus	Wellenlänge
191.5	2.28217	0.51497	3.273	4847.96
725.8	2.86082	1.09362	12.406	4844.687
391.0	2.59218	0.82498	6.683	4832.281
787.0	2.89597	1.12877	13.452	4825.598
346.0	2.53908	0.77188	5.914	4812.146
2396.1	3.37951	1.61231	40.956	4806.232
145.9	2.16406	0.39686	2.494	4765.276
1376.3	3.13871	1.37151	23.524	4762.782
713.6	2.85345	1.08625	12.197	4739.258
2704.3	3.43206	1.66486	46.223	4727.061
2536.4	3.40422	1.63702	43.352	4680.838
193.4	2.28646	0.51926	3.306	4637.486
860.5	2.93475	1.16755	14.708	4634.180
230.1	2.36192	0.59472	3.933	4619.472
339.4	2.53071	0.76351	5.801	4615.539
				4609.738
Summa $= 13937.3$ $= x_n - x_1$	$\log(x_n - x_1)$ $= 4.14418$	2.37698	238.22	

Es sei die Rechnung ausgeführt, so bleibt nunmehr die Korrektion dieser Näherungswerte nach der Methode der kleinsten Quadrate zu machen. Wir bilden dazu die Differenzen der bekannten Wellenlängen gegen die genähert berechneten. Die genähert berechneten wurden oben mit $u_0 + v_0 x_r$ bezeichnet, die Differenzen sind also die oben mit l_r bezeichneten Größen $u_0 + v_0 x_r - y_r$. Da die zu berechnenden Verbesserungen klein sind, so genügt es, die Werte x_r auf volle Millimeter abzurunden, und um noch kleinere Zahlen zu haben, denken wir uns den Nullpunkt der Abszissen um 40 mm verschoben, so daß $x_r - 40000$ an Stelle von x_r tritt.

Die Fehlergleichungen hat man nicht nötig, noch einmal hinzuschreiben. Es geschieht hier nur, um die Darstellung verständlicher zu machen:

$$\begin{aligned}
\alpha - 9\,\beta &= \varepsilon_1 \\
\alpha - 7\,\beta + 0.06 &= \varepsilon_2 \\
\alpha - 4\,\beta + 0.25 &= \varepsilon_3 \\
\alpha - 2\,\beta + 0.03 &= \varepsilon_4 \\
\alpha + 3\,\beta + 0.17 &= \varepsilon_5 \\
\alpha + 5\,\beta &= \varepsilon_6.
\end{aligned}$$

α und β sind nicht unmittelbar gleich den Änderungen von u_0 und v_0; sondern es ist wegen der Abrundung der x_r auf volle Millimeter und wegen

x_r—40000 in vollen Millimetern	genäherte Wellenlänge	bekannte Wellenlänge	Differenz
—9	4847.96	4847.96	0.00
—9	4844.69		
—8	4832.28		
—8	4825.60		
—7	4812.15		
—7	4806.23	4806.17	+ 0.06
—4	4765.28	4765.03	+ 0.25
—4	4762.78		
—3	4739.26		
—2	4727.06	4727.03	+ 0.03
+ 1	4680.84		
+ 3	4637.49	4637.32	+ 0.17
+ 3	4634.18		
+ 4	4619.47		
+ 5	4615.54		
+ 5	4609.74	4609.74	0.00

der Verschiebung des Nullpunktes die Größe $\alpha + 40000 \,.\, v_0$ gleich der Änderung von u_0 und $\frac{\beta}{1000}$ gleich der Änderung von v_0. Da es indessen schließlich nicht auf die Werte von u und v ankommt, sondern auf die Korrektionen, die wir an den genäherten Wellenlängen anzubringen haben, so hat man nicht nötig, auf den Zusammenhang von α und β mit den ersten Näherungen u_0 und v_0 zurückzukommen. Die drei Gleichungen $[\varepsilon] = 0$, $[(x - 40)\, \varepsilon] = 0$, $[\varepsilon\, \varepsilon] = U$ ergeben das symmetrische Koeffizientensystem:

$$\begin{array}{rrr} 6, & -\ 14, & +\ 0.51 \\ & +\ 184, & -\ 0.97 \\ & & +\ 0.0959. \end{array}$$

Mit dem Rechenschieber finden wir nun die Reduktionen

$$\begin{array}{rrr|l} 6 & -\ 14 & +\ 0.51 & \\ & +\ 184 & -\ 0.97 & -0.02 \quad \alpha = -0.088 \\ & +\ 33 & -\ 1.19 & -0.51 \\ & & +\ 0.0959 & \overline{-0.53} \\ & & +\ 0.0434 & \\ \hline & +\ 151 & +\ 0.22 & \beta = -0.00146 \\ & & +\ 0.0525 & \\ & & +\ 0.0003 & \\ \hline & & 0.0522 & \end{array}$$

Mit diesen Werten von α und β berechnet man die Korrektionen $\alpha - 9\beta$, $\alpha - 8\beta$ etc., die an den genäherten Wellenlängen anzubringen sind:

genäherte Wellenlänge	Korrektion	verbesserte Wellenlänge	bekannte Wellenlänge	Differenz = ε
4847.96	—0.07	4847.89	4847.96	—0.07
4844.69	—0.07	4844.62		
4832.28	—0.08	4832.20		
4825.60	—0.08	4825.52		
4812.15	—0.08	4812.07		
4806.23	—0.08	4806.15	4806.17	—0.02
4765.28	—0.08	4765.20	4765.03	+ 0.17
4762.78	—0.08	4762.70		
4739.26	—0.08	4739.18		
4727.06	—0.08	4726.98	4727.03	—0.05
4608.84	—0.09	4608.75		
4637.49	—0.09	4637.40	4637.32	+ 0.08
4634.18	—0.09	4634.09		
4619.47	—0.09	4619.38		
4615.54	—0.10	4615.44		
4609.74	—0.10	4609.64	4609.74	—0.10

Zur Kontrolle bildet man nun $[\varepsilon\,\varepsilon] = 0.0531$. Dies stimmt genügend mit dem oben berechneten Werte von $U = 0.0522$. Die Abweichung ist durch die Vernachlässigung der dritten Dezimale bei der Berechnung des ε genügend erklärt. Wollte man bei der Berechnung von α und β die oben erwähnte Kontrolle durch die Summen der Reihen anwenden, so würde es hier zweckmäßig sein, die Fehlergleichungen mit 100 zu multiplizieren und 100 α, 100 β als die Unbekannten einzuführen. Dann erhielte man das Koeffizientensystem

$$\begin{array}{rrr} 6 & -\ 14 & +\ 51 \\ & +\ 184 & -\ 97 \\ & & +\ 959 \end{array}$$

und die Summen der Reihen könnten mit weniger Ziffern geschrieben und ihre Reduktionen mit dem Rechenschieber berechnet werden.

Der Wert von $U = [\varepsilon\,\varepsilon]$ dient dazu, um ein Urteil über die Genauigkeit der Messung zu bilden. Handelt es sich um die Bestimmung von r Unbekannten und ist n die Anzahl der Fehlergleichungen, so nennt man nach Gauß

$$\sqrt{\frac{[\varepsilon\,\varepsilon]}{n-r}}$$

den mittleren Fehler. Hier ist z. B. $n = 6$, $r = 2$ und der mittlere Fehler demnach gleich 0.11. Auf welche Weise dann ferner der mittlere Fehler einer jeden der berechneten Wellenlängen gefunden wird, möge in den Spezialwerken über Methode der kleinsten Quadrate nachgesehen werden *).

2. Beispiel. Die Angaben eines Chronometers seien zu gegebenen Zeiten mit der mittleren Greenwicher Zeit verglichen worden. Die Differenz-Angabe des Chronometers minus Greenwicher Zeit wird „der Stand" des Chronometers genannt. Wenn das Chronometer vollkommen reguliert wäre, so würde der Stand immer derselbe bleiben. Das ist aber im allgemeinen nicht der Fall; sondern der Stand ändert sich mit der Zeit. Nimmt man an, daß sich der Stand in gleichen Zeiten um den gleichen Betrag ändert, so ist das nichts anderes als die Annahme, der Stand sei eine lineare Funktion der Zeit.

$$s = s_0 + g \cdot t.$$

Dabei bedeutet s den Stand zur Zeit t, s_0 den Stand zur Zeit $t = 0$, g die Änderung des Standes in der Zeiteinheit. Als Zeiteinheit pflegt man hier 24 Stunden zu nehmen und man nennt dann g den „Gang" des Chronometers. Aus zwei Beobachtungen des Standes s_1, s_2 zu zwei gegebenen Zeiten t_1, t_2 lassen sich s_0 und g und damit der Stand zu jeder andern Zeit berechnen, immer vorausgesetzt, daß in dem betrachteten Zeitraume der Gang unverändert bleibt. Hat man mehr als zwei Beobachtungen gemacht, so tut man gut, sie nach der Methode der kleinsten Quadrate auszugleichen:

Beispiel:

	beobachteter Stand
11. Mai Mittags	$+ 1^h\ 18^m\ 19.82^s$
15. „ „	$+ 1^h\ 17^m\ 58.20^s$
18. „ „	$+ 1^h\ 17^m\ 41.81$
19. „ „	$+ 1^h\ 17^m\ 35.93$
23. „ „	$+ 1^h\ 17^m\ 13.74$

Berücksichtigte man nur den ersten und letzten Stand, so würde man in 12 Tagen eine Abnahme von 66.08^s, also einen Gang $g_0 = -5.51$, und wenn man die Zeit t in Tagen von der ersten Beobachtung an rechnet, so hätte man in Sekunden:

$$s = (1^h\ 18^m\ 19.82^{sec}) - 5.51\ t.$$

Dabei wären aber die zwischenliegenden Beobachtungen ganz un-

*) C. F. Gauß, Theoria Combinationis Observationum Erroribus Minimis obnoxiae. Pars prior. Art. 18, IV. — W. Jordan, Handbuch der Vermessungskunde. Bd. 1. Kap. 1, § 24. — Kayser und Runge, Über die Spektren der Elemente, Abhandl. der Berliner Akad. 1888. Note II.

genutzt, während man sich ihrer doch bedienen kann, um sich von den Beobachtungsfehlern etwas mehr zu befreien und zugleich um eine Vorstellung zu gewinnen, ob sich der Gang des Chronometers in der Zeit der Beobachtungen merklich geändert hat oder nicht.

Um dies zu tun, betrachte man die aus der ersten und letzten Beobachtung gefundene Formel als erste Näherung und berechne aus ihr die Werte von s für $t = 0, 4, 7, 8, 12$.

t	Stand berechnet 1. Näherung	Stand beobachtet	Differenz ber. — beob.
0	$+ 1^h\ 18^m\ 19.82$	$+ 1^h\ 18^m\ 19.82^{sec}$	0.00
4	$17^m\ 57.78$	$17^m\ 58.20^{sec}$	—0.42
7	$17^m\ 41.25$	$17^m\ 41.81^{sec}$	—0.56
8	$17^m\ 35.74$	$17^m\ 35.93^{sec}$	—0.19
12	$17^m\ 13.70$	$17\ \ 13.74^{sec}$	—0.04

Nun berechne man die Korrektionen α und β von s_0 und g_0 nach der Methode der kleinsten Quadrate.

Die Fehlergleichungen, die man nicht hinzuschreiben braucht, die hier nur des besseren Verständnisses wegen hingesetzt werden mögen, sind:

$$\begin{aligned} \alpha + \ \ 0\,\beta \phantom{{}-0.42} &= \varepsilon_1 \\ \alpha + \ \ 4\,\beta - 0.42 &= \varepsilon_2 \\ \alpha + \ \ 7\,\beta - 0.56 &= \varepsilon_3 \\ \alpha + \ \ 8\,\beta - 0.19 &= \varepsilon_4 \\ \alpha + 12\,\beta - 0.04 &= \varepsilon_5. \end{aligned}$$

Die Reduktion des symmetrischen Koeffizienten-Systems ergibt:

$$\begin{array}{rrrrl}
+5 & +\ 31 & -1.21 & +0.03 & \alpha = +0.24 \\
 & & & -1.21 & \\
\cline{4-4}
 & +273 & -7.60 & -1.18 & \\
 & +192 & -7.50 & & \\
 & & 0.5277 & & \\
 & & +0.2925 & & \\
\hline
 & 81 & -0.10 & & \beta = +0.0012 \\
 & & +0.2352 & & \\
 & & 1 & & \\
\cline{2-3}
 & & 0.2351 = U. & &
\end{array}$$

Die neue Formel ist demnach:

$$s = 1^h\ \ 18^m\ \ 20.06^s\ \ - 5.509\,t.$$

Es ist bei dem Genauigkeitsgrade der Beobachtungen unnötig, die vierte Dezimale in g noch zu berücksichtigen.

Nun wiederhole man die Rechnung mit der neuen Formel.

t	Stand berechnet. Verbesserte Formel	Stand beobachtet	Differenz = ε
0	1^h 18^m 20.06	1^h 18 19.82	+ 0.24
4	17^m 58.02	17. 58.20	— 0.18
7	41.50	17 41.81	— 0.31
8	35.99	17 35.93	+ 0.06
12	13.95	17 13.74	+ 0.21

Die Summe $[\varepsilon\,\varepsilon]$ findet sich gleich 0.2338 und mithin in hinreichender Übereinstimmung mit dem oben berechneten Werte $U = 0.2351$. Die Abweichung ist durch die Abkürzung auf 2 Dezimalen erklärt.

Wenn man sich in den Fehlergleichungen

$$u + v\, x_r - y_r = \varepsilon_r$$

den Nullpunkt der x so angenommen denkt, daß $[x] = 0$ ist, so nehmen die beiden Gleichungen $[\varepsilon] = 0$ und $[x\,\varepsilon] = 0$ die Form an

$$\begin{aligned} n\,u \qquad\quad - [y] &= 0 \\ [x\,x]\,v - [x\,y] &= 0 \end{aligned}$$

und man erhält die Werte von u und v unmittelbar, ohne daß eine Elimination nötig wäre. u wird gleich dem arithmetischen Mittel der y und v ist gleich $\frac{[x\,y]}{[x\,x]}$. Nimmt man insbesondre an, es seien je zwei Werte von x einander entgegengesetzt, so kann man, wenn $x_1, x_2 \ldots . x_n$ nach ihrer Größe geordnet sind, $\frac{x_n - x_1}{2} = x_n = - x_1$ setzen. Daher ist

$$x_1\, y_1 + x_n\, y_n = \frac{x_n - x_1}{2}\,(y_n - y_1)$$

und

$$x_1\, x_1 + x_n\, x_n = \frac{x_n - x_1}{2}\,(x_n - x_1)$$

und mithin

$$\begin{aligned} 2\,[x\,y] &= \text{Summe}\,(x_n - x_1)\,(y_n - y_1) \\ 2\,[x\,x] &= \text{Summe}\,(x_n - x_1)\,(x_n - x_1), \end{aligned}$$

wo die Summen auf den rechten Seiten dieser Gleichungen über alle diese Paare von Wertsystemen zu erstrecken sind. Diese Form hat nun den Vorteil, daß der Nullpunkt der x beliebig sein kann; denn die Differenzen $x_n - x_1$ u. s. f. sind vom Nullpunkt unabhängig. Ferner ist die Anzahl der Glieder nur halb so groß wie die der Summe $[x\,x]$ oder $[x\,y]$. Besonders wenn es, wie bei der Bestimmung des Chronometerganges, hauptsächlich auf den Wert von v ankommt, ist diese Form bequem.

Beispiel:

	Beobachteter Chronometerstand
18. Sept. Mittags	$-1^h\ 2^m\ 35.05^s$
20. ,, ,,	$-1^h\ 2^m\ 26.06^s$
23. ,, ,,	$-1^h\ 2^m\ 11.89$
25. ,, ,,	$-1^h\ 2^m\ 2.69$

$$(t_4 - t_1)(s_4 - s_1) = 7 \times 32.36 = 226.52$$
$$(t_3 - t_2)(s_3 - s_1) = 3 \times 14.17 = 42.51$$
$$269.03$$
$$(t_4 - t_1)^2 + (t_3 - t_2)^2 = 49 + 9 = 58$$
$$\text{Gang} = + \frac{269.03}{58} = + 4.638^s.$$

Auch wenn die Werte x nicht die Bedingung erfüllen, daß nach Verschiebung des Nullpunktes in ihren Schwerpunkt je zwei einander entgegengesetzt liegen, so wird man dennoch mit dieser Art der Rechnung im allgemeinen nahezu den richtigen Wert von v finden. Es ist nämlich

$$2(x_1 y_1 + x_n y_n) = (x_n - x_1)(y_n - y_1) + (x_n + x_1)(y_n + y_1)$$
$$2(x_1 x_1 + x_n x_n) = (x_n - x_1)^2 + (x_n + x_1)^2.$$

Daher

$$2[x\,y] = \text{Summe}\,(x_n - x_1)(y_n - y_1) + \text{Summe}\,(x_n + x_1)(y_n + y_1)$$
$$2[x\,x] = \text{Summe}\,(x_n - x_1)^2 + \text{Summe}\,(x_n + x_1)^2$$

und mithin

$$v = \frac{[x\,y]}{[x\,x]} = \frac{\text{Summe}\,(x_n - x_1)(y_n - y_1) + \text{Summe}\,(x_n + x_1)(y_n + y_1)}{\text{Summe}\,(x_n - x_1)^2 + \text{Summe}\,(x_n + x_1)^2}.$$

Die Summen rechts beziehen sich auf die Paare von Wertsystemen mit den Indizes $n, 1$; $n-1, 2$; $n-2, 3$ u. s. f.

Nun werde mit v' der Wert

$$v' = \frac{\text{Summe}\,(x_n - x_1)(y_n - y_1)}{\text{Summe}\,(x_n - x_1)^2}$$

bezeichnet. Dann hat man zwischen v und v' die Beziehung:

$$v\,\text{Summe}\,(x_n - x_1)^2 + v\,\text{Summe}\,(x_n + x_1)^2$$
$$= v'\,\text{Summe}\,(x_n - x_1)^2 + \text{Summe}\,(x_n + x_1)(y_n + y_1)$$

oder

$$\frac{\text{Summe}\,(x_n + x_1)(v\,x_n - y_n + v\,x_1 - y_1)}{\text{Summe}\,(x_n - x_1)^2} = v' - v.$$

Nun ist $v\,x_n - y_n = \varepsilon_n - u$, $v\,x_1 - y_1 = \varepsilon_1 - u$, daher

$$\frac{\text{Summe}\,(x_n + x_1)\,(\varepsilon_n + \varepsilon_1) - 2\,u\,\text{Summe}\,(x_n + x_1)}{\text{Summe}\,(x_n - x_1)^2} = v' - v$$

oder, da Summe $(x_n + x_1) = 0$ ist,

$$\frac{\text{Summe}\,(x_n + x_1)\,(\varepsilon_n + \varepsilon_1)}{\text{Summe}\,(x_n - x_1)^2} = v' - v.$$

Sobald der Zähler klein ist gegen den Nenner, wird $v' - v$ klein sein. Im allgemeinen wird das der Fall sein, weil nicht nur die ε kleine Größen sind, sondern auch von den Größen $x_n + x_1$, $x_{n-1} + x_2$ etc. die meisten in der Regel klein gegen $x_n - x_1$, $x_{n-1} - x_2$ etc. sein werden.

Das oben behandelte Beispiel der Berechnung des Chronometerganges aus fünf Beobachtungen ergibt nach dieser Methode

$$\begin{aligned}(t_5 - t_1)\,(s_5 - s_1) &= -12 \times 66.08 = -792.96\\ (t_4 - t_2)\,(s_4 - s_2) &= -\ \ 4 \times 22.27 = -\ \ 89.08\\ &\qquad\qquad\qquad\ \ -882.04\end{aligned}$$

$$(t_5 - t_1)^2 + (t_4 - t_2)^2 = 144 + 16 = 160$$

$$v' = -\frac{882.04}{160} = -5.513^s,$$

während für v der Wert -5.509 gefunden war. Bei einer ungeraden Anzahl von Beobachtungen fällt für die Bestimmung von v' die mittelste Beobachtung fort.

Wenn die Fehlergleichungen die allgemeinere Form haben:

$$a_r\,x + b_r\,y + c_r\,z + l_r = \varepsilon_r$$

so müssen, damit die Summe der Fehlerquadrate $[\varepsilon\,\varepsilon]$ möglichst klein werde, die Gleichungen erfüllt sein:

$$[a\,\varepsilon] = 0,\ [b\,\varepsilon] = 0,\ [c\,\varepsilon] = 0.$$

Denn wenn $x + \alpha$, $y + \beta$, $z + \gamma$ an Stelle von x, y, z eingesetzt werden, so geht $\varepsilon_r \cdot \varepsilon_r$ in

$$\varepsilon_r\,\varepsilon_r + 2\,a_r\,\varepsilon_r \cdot \alpha + 2\,b_r\,\varepsilon_r\,\beta + 2\,c_r\,\varepsilon_r\,\gamma + (a_r\,\alpha + b_r\,\beta + c_r\,\gamma)^2$$

über und $[\varepsilon\,\varepsilon]$ geht über in

$$[\varepsilon\,\varepsilon] + 2\,[a\,\varepsilon]\,\alpha + 2\,[b\,\varepsilon]\,\beta + 2\,[c\,\varepsilon]\,\gamma + [(a\,\alpha + b\,\beta + c\,\gamma)^2].$$

Wäre eine der Größen $[a\,\varepsilon]$, $[b\,\varepsilon]$, $[c\,\varepsilon]$, z. B. $[b\,\varepsilon]$ von Null verschieden, so kann man $\alpha = \gamma = 0$ setzen. Die Änderung von $[\varepsilon\,\varepsilon]$ besteht dann aus den beiden Gliedern

$$2\,[b\,\varepsilon]\,\beta + [b\,b]\,\beta^2$$

oder

$$\beta\,(2\,[b\,\varepsilon] + [b\,b]\,\beta).$$

Für hinreichend kleine Werte von β wird $[b\,b]\,\beta$ sehr klein gegen $2\,[b\,\varepsilon]$ und daher kann $2\,[b\,\varepsilon] + [b\,b]\,\beta$ sein Zeichen nicht ändern, wenn β ins entgegengesetzte verwandelt wird. Folglich müßte das Vorzeichen der Änderung von $[\varepsilon\,\varepsilon]$ für hinreichend kleine Werte von β ins entgegengesetzte übergehen, wenn β ins entgegengesetzte verwandelt wird, d. h. es würde bei passender Annahme von β der Wert von $[\varepsilon\,\varepsilon]$ sowohl vergrößert wie verkleinert werden können. Sind dagegen die drei Größen $[a\,\varepsilon]$, $[b\,\varepsilon]$, $[c\,\varepsilon]$ gleich Null, so ist der geänderte Wert von $[\varepsilon\,\varepsilon]$ gleich

$$[\varepsilon\,\varepsilon] + [(a\,\alpha + b\,\beta + c\,\gamma)^2],$$

d. h. er kann durch Änderung von x, y, z nur zunehmen*). Die Summe $[\varepsilon\,\varepsilon] = U$ läßt sich auf die Form bringen:

$$[(a\,x + b\,y + c\,z + l)\,\varepsilon] = [a\,\varepsilon]\,x + [b\,\varepsilon]\,y + [c\,\varepsilon]\,z + [l\,\varepsilon] = U$$

und daher erhalten wir die Gleichungen

$$\begin{aligned} [a\,\varepsilon] &= 0 \\ [b\,\varepsilon] &= 0 \\ [c\,\varepsilon] &= 0 \\ [l\,\varepsilon] &= U. \end{aligned}$$

Das Koeffizientensystem dieser Gleichungen ist symmetrisch:

$$\begin{matrix} [a\,a], & [a\,b], & [a\,c], & [a\,l] \\ [b\,a], & [b\,b], & [b\,c], & [b\,l] \\ [c\,a], & [c\,b], & [c\,c], & [c\,l] \\ [l\,a], & [l\,b], & [l\,c], & [l\,l]. \end{matrix}$$

Die analoge Form erhält man für den Fall beliebig vieler Veränderlichen. Wenn man nun bei der Reduktion dieser Gleichung zuerst mit den Horizontalreihen operiert und die erste Reihe nacheinander mit $\frac{[b\,a]}{[a\,a]}$, $\frac{[c\,a]}{[a\,a]}$, $\frac{[l\,a]}{[a\,a]}$ multipliziert von der zweiten, dritten, vierten Gleichung abzieht, so möge das reduzierte Koeffizientensystem so bezeichnet werden:

$$\begin{matrix} [a\,a] & [a\,b] & [a\,c] & [a\,l] \\ & [b\,b,1] & [b\,c,1] & [b\,l,1] \\ & [c\,b,1] & [c\,c,1] & [c\,l,1] \\ & [l\,b,1] & [l\,c,1] & [l\,l,1], \end{matrix}$$

---

*) Es sei denn, daß α, β, γ so bestimmt werden könnten, daß $a_r\alpha + b_r\beta + c_r\gamma = 0$ für $r = 1, 2 \ldots n$. In diesem Fall ist eine Bestimmung von x, y, z nicht möglich.

wo also $[b\,b, 1] = [b\,b] - \frac{[b\,a]}{[a\,a]}[a\,b]$ usw. Bei weiterer Reduktion erhalten wir für die 3. und 4. Reihe die Koeffizienten

$$\begin{matrix} [c\,c, 2] & [c\,l, 2] \\ [l\,c, 2] & [l\,l, 2] \end{matrix}$$

und endlich für die vierte Reihe den Koeffizienten $[l\,l, 3]$, der den Wert von U ergibt.

Wenn man nun andererseits mit den Vertikalreihen operiert, indem man, wie oben auseinandergesetzt wurde, statt x, y, z sukzessive andere Variable einführt, so kann man x, y, z dabei als beliebig veränderlich betrachten, da es für die betrachteten Umformungen nicht nötig ist, daß die linken Seiten der ersten drei Gleichungen den Wert Null haben. Nur dürften dann in dem Ausdruck

$$[a\,\varepsilon]\,x + [b\,\varepsilon]\,y + [c\,\varepsilon]\,z + [l\,\varepsilon] = U$$

die ersten drei Glieder nicht weggelassen werden.

Wie oben gezeigt, treten bei dem Operieren mit den Kolonnen dieselben Koeffizienten auf, wie mit den Reihen. Wir führen zunächst ein

$$x' = x + \frac{[a\,b]}{[a\,a]}y + \frac{[a\,c]}{[a\,a]}z + \frac{[a\,l]}{[a\,a]} = \frac{[a\,\varepsilon]}{[a\,a]} \qquad \text{(C)}$$

und haben dann

$$\begin{aligned} &[a\,a]\,x' &&= [a\,\varepsilon] \\ &[b\,a]\,x' + [b\,b, 1]\,y + [b\,c, 1]\,z + [b\,l, 1] &&= [b\,\varepsilon] \\ &[c\,a]\,x' + [c\,b, 1]\,y + [c\,c, 1]\,z + [c\,l, 1] &&= [c\,\varepsilon] \\ &[l\,a]\,x' + [l\,b, 1]\,y + [l\,c, 1]\,z + [l\,l, 1] &&= U \\ &\qquad - [a\,\varepsilon]\,x - [b\,\varepsilon]\,y - [c\,\varepsilon]\,z, \end{aligned}$$

und bei weiterer Reduktion

$$\left.\begin{aligned} y' &= y + \frac{[b\,c, 1]}{[b\,b, 1]}z + \frac{[b\,l, 1]}{[b\,b, 1]} \\ z' &= z + \frac{[c\,l, 2]}{[c\,c, 2]} \end{aligned}\right\} \qquad \text{(C)}$$

erhält man

$$\begin{aligned} &[a\,a]\,x' &&= [a\,\varepsilon] \\ &[b\,a]\,x' + [b\,b, 1]\,y' &&= [b\,\varepsilon] \\ &[c\,a]\,x' + [c\,b, 1]\,y' + [c\,c, 2]\,z' &&= [c\,\varepsilon] \qquad \text{(A)} \\ &[l\,a]\,x' + [l\,b, 1]\,y' + [l\,c, 2]\,z' + [l\,l, 3] &&= U \\ &\qquad - [a\,\varepsilon]\,x - [b\,\varepsilon]\,y - [c\,\varepsilon]\,z. \end{aligned}$$

Multipliziert man nun die ersten drei Gleichungen mit x, y, z und addiert sie zu der letzteren, so ergibt sich

$$\left.\begin{array}{r}([a\,a]\,x + [b\,a]\,y + [c\,a]\,z \quad + [l\,a])\,x' \\ ([b\,b,1]\,y + [c\,b,1]\,z + [l\,b,1])\,y' \\ ([c\,c,2]\,z + [l\,c,2])\,z' \\ [l\,l,3]\end{array}\right\} = U. \qquad \text{(B)}$$

Die Koeffizienten von x', y', z' sind nun gerade die linken Seiten der Gleichungen, die bei der Operation mit den Horizontalreihen auftreten, nämlich:

$$[a\,a]\,x + [b\,a]\,y + [c\,a]\,z + [l\,a] = [a\,\varepsilon]$$

$$[b\,b,1]\,y + [b\,c,1]\,z + [b\,l,1] = [b\,\varepsilon] - \frac{[b\,a]}{[a\,a]}[a\,\varepsilon] = [b\,\varepsilon,1]$$

$$[c\,b,1]\,y + [c\,c,1]\,z + [c\,l,1] = [c\,\varepsilon] - \frac{[c\,a]}{[a\,a]}[a\,\varepsilon] = [c\,\varepsilon,1]$$

und aus den letzten beiden Gleichungen

$$[c\,c,2]\,z + [c\,l,2] = [c\,\varepsilon,1] - \frac{[c\,b,1]}{[b\,b,1]}[b\,\varepsilon,1] = [c\,\varepsilon,2].$$

Wenn man nun dieselben Operationen mit diesen Gleichungen in der Form (A) vornimmt, so erkennt man, daß $[b\,b,1]\,y' = [b\,\varepsilon,1]$ und $[c\,c,2]\,z' = [c\,\varepsilon,2]$ wird.

Mithin kann man die Gleichung (B) in der Form schreiben:

$$[a\,a]\,x'^2 + [b\,b,1]\,y'^2 + [c\,c,2]\,z'^2 + [l\,l,3] = U.$$

Hier sind x' y' z' ebenso wie x, y, z veränderliche Größen, die durch die Gleichungen (C) mit einander zusammenhängen. Als Funktion von x, y, z ist $U = [(a\,x + b\,y + c\,z + l)^2]$. In der Entwicklung kommen nicht nur die Quadrate x^2, y^2, z^2, sondern auch die Produkte $x\,y$, $y\,z$, $x\,z$ vor. Nach Einführung der Veränderlichen x', y', z' kommen nur die Quadrate vor. Der Minimumswert $[l\,l,3]$ ergibt sich für $x' = y' = z' = 0$. Dieselbe Rechnung, durch welche man die Unbekannten x, y, z, die U zum Minimum machen, berechnet, liefert zugleich die Reduktion der quadratischen Form U auf eine Summe von Quadraten. Dasselbe gilt für eine beliebige Anzahl von Veränderlichen.

Das gleiche gilt auch für eine beliebige quadratische Form von $x\,y\,z$. Sei

$$U = a_{11}\,x^2 + a_{22}\,y^2 + a_{33}\,z^2 + 2\,a_{12}\,x\,y + 2\,a_{13}\,x\,z \\ + 2\,a_{23}\,y\,z + 2\,a_{14}\,x + 2\,a_{24}\,y + 2\,a_{34}\,z + a_{44}.$$

Sei $a_{11} \gtrless 0$, so werde gesetzt

$$x' = x + \frac{a_{12}}{a_{11}}\,y + \frac{a_{13}}{a_{11}}\,z + a_{14}.$$

Alsdann ist

$$U = a_{11} x'^2 + (a'_{22} y^2 + a'_{33} z^2 + 2 a'_{23} y z + 2 a'_{24} y + 2 a'_{34} z + a'_{44}),$$

wo

$$a'_{22} = a_{22} - \frac{a_{12}}{a_{11}} a_{12}, \; a'_{33} = a_{33} - \frac{a_{13}}{a_{11}} a_{13}, \; a'_{23} = a_{23} - \frac{a_{12}}{a_{11}} a_{13} \text{ usw.}$$

Schreiben wir das symmetrische System der Koeffizienten

$$\begin{matrix} a_{11} & a_{12} & a_{13} & a_{14} \\ a_{21} & a_{22} & a_{23} & a_{24} \\ a_{31} & a_{32} & a_{33} & a_{34} \\ a_{41} & a_{42} & a_{43} & a_{44}, \end{matrix}$$

wo $a_{12} = a_{21}$ usw., und reduzieren wir das System, indem wir die Glieder der ersten Reihe mit $\frac{a_{21}}{a_{11}}, \frac{a_{31}}{a_{11}}, \frac{a_{41}}{a_{11}}$ multipliziert von denen der zweiten, dritten, vierten, abziehen, so gehen diese über in das System

$$\begin{matrix} a'_{22} & a'_{23} & a'_{24} \\ a'_{32} & a'_{33} & a'_{34} \\ a'_{42} & a'_{43} & a'_{44}, \end{matrix}$$

welche grade die Koeffizienten der quadratischen Form von y und z bilden, die nach Abtrennung des Gliedes $a_{11} x'^2$ übrigbleibt. So geht das weiter. Man setzt jetzt $y' = y + \frac{a'_{23}}{a'_{22}} z + \frac{a'_{24}}{a'_{22}}$ und erhält

$$U = a_{11} x'^2 + a'_{22} y'^2 + a''_{33} z^2 + 2 a''_{34} z + a''_{44},$$

wo

$$a''_{33} = a'_{33} - \frac{a'_{32}}{a'_{22}} \cdot a'_{23}, \quad a''_{34} = a'_{34} - \frac{a'_{32}}{a'_{22}} \cdot a'_{24},$$

$$a''_{44} = a'_{44} - \frac{a'_{42}}{a'_{22}} \cdot a'_{24}.$$

Dies sind wieder dieselben Koeffizienten, die sich bei der Operation mit den Reihen ergeben. Endlich wird nun gesetzt

$$z' = z + \frac{a''_{34}}{a''_{33}},$$

wodurch U übergeht in

$$U = a_{11} x'^2 + a'_{22} y'^2 + a''_{33} z'^2 + a'''_{44},$$

wo

$$a'''_{44} = a''_{44} - \frac{a''_{43}}{a''_{44}} a''_{34}.$$

Auf diese Weise kann die Untersuchung, zu welchem Typus eine Fläche zweiten Grades gehört, die durch ihre Gleichung gegeben ist, bequem ausgeführt werden.

Beispiel. Die Gleichung der Fläche sei:

$$10x^2 + y^2 + 3z^2 - 2xy + 4xz + 6yz - 2x + 8y - 4z + 1 = 0.$$

Man bildet das symmetrische Koeffizientensystem, von dem die zweimal vorkommenden Glieder nur einmal hingeschrieben zu werden brauchen, und reduziert es in der erläuterten Weise:

$$\begin{array}{rrrr}
\underline{10} & -1 & +2 & -1 \\
 & +1 & +3 & +4 \\
 & +0.1 & -0.2 & +0.1 \\
 & & +3 & -2 \\
 & & +0.4 & -0.2 \\
 & & & +1 \\
 & & & +0.1 \\
\hline
 & \underline{+0.9} & +3.2 & +3.9 \\
 & & +2.6 & -1.8 \\
 & & +11.4 & +13.9 \\
 & & & +0.9 \\
 & & & +16.9 \\
\hline
 & & \underline{-8.8} & -15.7 \\
 & & & -16.0 \\
 & & & -28.0 \\
\hline
 & & & \underline{+12.0}
\end{array}$$

Mithin $10x'^2 + 0.9y'^2 - 8.8z'^2 + 12.0 = 0$.
Die Fläche ist ein zweischaliges Hyperboloid.

II. Abschnitt.

Nichtlineare Gleichungen mit einer Unbekannten.

§ 5. Lösung einer Gleichung durch tabellarische Berechnung.

Sei

$$f(x) = c$$

eine beliebige Gleichung für die Unbekannte x. Wir können ihr eine geometrische Bedeutung geben, wenn wir die Werte von $f(x)$ als Ordinaten zu den Abszissen x auftragen. Die Lösungen der Gleichung $f(x) = c$ sind die Schnittpunkte der Kurve mit der Geraden, die im Abstand c zur x-Achse parallel gezogen werden kann. Gesetzt, die Werte der Funktion $f(x)$ lägen schon in einer Tabelle geordnet vor, aus der man für eine Reihe von Werten von x die zugehörigen Funktionswerte entnehmen könnte, so würden Näherungswerte für die Lösungen der Gleichung in ähnlicher Weise gefunden werden können, wie man mit Hilfe einer Logarithmentafel zu einem gegebenen Logarithmus die zugehörige Zahl findet. Man sucht in der Tabelle diejenigen Stellen auf, wo ein Wert von $f(x)$ kleiner ist als c, während der benachbarte Wert größer ist als c, und interpoliert dann zwischen den beiden zugehörigen Werten von x unter der Annahme, daß die Änderungen von x den Änderungen von $f(x)$ proportional sind. Geometrisch gesprochen bedeutet diese Annahme, daß wir die Kurve zwischen den beiden Punkten als geradlinig betrachten und durch ihre Sehne ersetzen. Wenn die Kurve nicht eine gerade Linie ist, so enthält diese Annahme einen Fehler, der aber bei einer Kurve, die ihre Richtung stetig ändert, für ein hinreichend kleines Intervall selbst im Verhältnis zu diesem Intervall beliebig klein wird. Um zu erfahren, ob der so gefundene Näherungswert eine Lösung der Gleichung mit ausreichender Genauigkeit darstellt, kann man in seiner Nachbarschaft die Funktion $f(x)$ für Werte von x berechnen, die dichter liegen als die Werte der ursprünglichen Tabelle. Indem man wieder die beiden Werte von x aufsucht, für die $f(x)$ einmal größer und einmal kleiner als c ist, hat man ein Intervall, in dem der gesuchte Wert liegen muß. Unter der Annahme der Proportionalität der

Änderung kann man nun zwischen diesen beiden Werten von x wieder einen neuen einschalten, der einen genaueren Näherungswert darstellt. Dieses Verfahren kann man so weit treiben, wie man will. Für hinreichend kleine Intervalle erhält man den Wert mit beliebiger Genauigkeit. Es wird im allgemeinen nicht zweckmäßig sein, die Intervalle gleich sehr klein werden zu lassen, weil man dann in der Regel mehr Werte von $f(x)$ berechnen muß, ehe man auf das gesuchte Intervall stößt.

Beispiel: $$x \log x = -0.1450.$$

Für $x > 1$ ist $x \log x$ positiv, es können also nur die Werte zwischen $x = 0$ und $x = 1$ in Betracht kommen. Zur ersten Orientierung rechne man nun mit vierstelligen Logarithmen die Werte für $x = 0.1, 0.2$ etc. 0.9 aus.

x	$x \log x$
0	0.0000
0.1	—0.1000
0.2	—0.1398
0.3	—0.1569
0.4	—0.1592
0.5	—0.1505
0.6	—0.1331
0.7	—0.1084
0.8	—0.0775
0.9	—0.0412
1.0	0.0000

In dem Intervall 0.2 bis 0.3 und in dem Intervall 0.5 bis 0.6 nehmen wir nun die Änderungen von x denen von $x \log x$ proportional an und suchen den zu -0.1450 gehörenden Wert von x.

1) Intervall 0.2 bis 0.3

	0.2	—0.1398	—0.1398	
	0.3	—0.1569	—0.1450	
Diff.:	0.1	—0.0171	—0.0052	$\frac{52}{171}\,0.1 = 0.03$

Das gibt $x = 0.23$. Nun wird von neuem berechnet:

	x	$x \log x$		
	0.23	—0.1468	—0.1450	
	0.22	—0.1447	—0.1447	
Diff.:	0.01	—0.0021	—0.0003	$\frac{3}{21}\,0.01 = 0.0014$

Das gibt $x = 0.2214$. Bei nochmaliger Rechnung tut man nun gut, mehr als vierstellige Logarithmen zu nehmen:

x	$x \log x$	Diff.
0.2214	-0.1449775	
		221
0.2215	-0.1449996	
		221
0.2216	-0.1450217	

Man schließt aus der Übereinstimmung der beiden Differenzen, daß, soweit die Genauigkeit der Rechnung reicht, den gleichen Änderungen von x zwischen 0.2214 und 0.2216 die gleichen Änderungen von $x \log x$ entsprechen, und findet nun

$$\begin{array}{r} 0.1450000 \\ 0.1449996 \\ \hline 4 \end{array} \qquad \frac{4}{221} \times 0.0001 = 0.000002$$

$$\underline{x = 0.221502}$$

2) Intervall 0.5 bis 0.6

$$\begin{array}{lll} 0.5 & -0.1505 & -0.1505 \\ 0.6 & -0.1331 & -0.1450 \\ \hline 0.1 & +0.0174 & +0.0055 \end{array} \qquad \frac{55}{174} \times 0.1 = 0.03$$

Das gibt $x = 0.53$. Nun wird von neuem berechnet:

x	$x \log x$	Diff.
0.53	-0.1461	
		$+16$
0.54	-0.1445	

$$\frac{11}{16} \times 0.01 = 0.007$$

$$x = 0.537$$

Nun werde mit siebenstelligen Logarithmen berechnet

x	$x \log x$	Diff.
0.537	-0.1450040	
		166
0.5371	-0.1449874	

$$\frac{40}{166} \times 0.0001 = 0.000024$$

$$\underline{x = 0.537024}$$

Diese Betrachtungen sind nicht strenge. Denn es fehlt der Nachweis, daß die Funktion $x \log x$ in den betrachteten Intervallen jeden Zwischenwert ein und nur einmal annimmt. Dieser Nachweis wird durch die Betrachtung des Differentialquotienten der Funktion erbracht. Sobald man sich nämlich überzeugt, daß der Differentialquotient in einem

Intervall endlich ist und nur Werte eines Zeichens hat, so wird die Funktion sich mit stetig wachsendem x stetig und nur in einer Richtung bewegen und daher jeden zwischen den beiden Endwerten gelegenen Wert ein und nur einmal annehmen. In diesem Falle z. B. ist die Ableitung:

$$\log x + \log e$$

und ist also zwischen $x = 0$ und $x = \frac{1}{e}$ negativ, zwischen $x = \frac{1}{e}$ und $x = 1$ dagegen positiv. Die Funktion nimmt zwischen $x = 0$ und $x = \frac{1}{e}$ alle Werte zwischen Null und $\frac{-\log e}{e}$ je einmal an und zwischen $x = \frac{1}{e}$ und $x = 1$ wieder je einmal.

---

§ 6. Lösung einer Gleichung nach dem Newtonschen Verfahren.

Statt wie eben die Kurve in einem Intervall durch ihre Sehne zu ersetzen, kann man sie nach Newton auch durch eine Tangente ersetzen. Dann gestaltet sich die Rechnung in der folgenden Weise. Es sei x_1 ein Näherungswert einer Wurzel der Gleichung

$$f(x) = 0.\ ^{*})$$

Man setze nun $x = x_1 + h$, so daß

$$f(x_1 + h) = 0.$$

Nun ist für kleine Werte von h bis auf Größen 2. Ordnung

$$f(x_1 + h) = f(x_1) + f'(x_1)\, h.$$

Mit Vernachlässigung dieser Größen 2. Ordnung erhalten wir dann also für h die Gleichung ersten Grades

$$f(x_1) + f'(x_1)\, h = 0$$

oder

$$h = -\frac{f(x_1)}{f'(x_1)}.$$

Der Wert $x_1 + h$ bildet dann einen neuen Näherungswert, den wir mit x_2 bezeichnen und wieder ebenso verbessern können wie x_1. Ist man der Wurzel schon einigermaßen nahe, so wird die Genauigkeit alsbald

---

*) Wenn oben $f(x) = c$ geschrieben war, so möge man sich hier $f(x) - c = 0$ gesetzt und die Differenz $f(x) - c$ mit $f(x)$ bezeichnet denken.

sehr groß. Da die Verbesserung h meistens nur auf wenige Stellen berechnet zu werden braucht, so ist es nicht nötig, den Wert von $f(x_1)$ und $f'(x_1)$ mit großer relativer Genauigkeit zu berechnen.

1. Beispiel. Es werde der Näherungswert $x_1 = 0.2$ für die Wurzel der Gleichung

$$x \log x = -0.145$$

zum Ausgangspunkt genommen.

$$f(x) = x \log x + 0.145$$
$$f'(x) = \log x + \log e.$$

x_r	$f(x_r)$	$f'(x_r)$	$-\dfrac{f(x_r)}{f'(x_r)}$
$x_1 = 0.2$	$+0.0052$	-0.265	$+0.0196$
$x_2 = 0.2196$	$+0.000422$	-0.224	$+0.00188$
$x_3 = 0.22148$	$+0.0000047$	-0.220	$+0.000021$
$x_4 = 0.221501$			

Wie weit man berechtigt ist, die Kurve durch ihre Tangente zu ersetzen, erkennt man an den Änderungen der Werte $f'(x_r)$. Für das ganze Intervall x_3 bis x_4 z. B. wird $f'(x) = -0.220$ gesetzt werden können, d. h. die Änderungen von $f(x)$ sind in diesem Intervall bis auf weniger als $\frac{1}{4}$ Prozent ihres Betrages den Änderungen von x proportional.

Wie man sieht, ist die Berechnung mit Hilfe der Tangente kürzer als die Berechnung mit Hilfe der Sehne, vorausgesetzt, daß $f'(x)$ nicht umständlicher zu berechnen ist als $f(x)$.

2. Beispiel: $f(x) = \sin x - x \cos x = 0$
$f'(x) = x \sin x.$

Da $f(-x) = -f(x)$, so gehört zu jeder positiven Wurzel eine negative von gleichem absoluten Betrage und umgekehrt. Wir brauchen daher nur die positiven Wurzeln aufzusuchen. $f'(x)$ ist positiv für x zwischen 0 und π, negativ für x zwischen π und 2π, wieder positiv für x zwischen 2π und 3π usw. Daher wird $f(x)$ ein Maximum für $x = \pi$, 3π, 5π etc. und ein Minimum für $x = 2\pi$, 4π, 6π etc. Die Maximalwerte sind gleich π, 3π, 5π etc., die Minimalwerte gleich -2π, -4π, -6π etc. Zwischen jedem Maximalwert und dem folgenden Minimalwert liegt eine und nur eine Wurzel und ebenso zwischen jedem Minimalwert und dem folgenden Maximalwert. Um z. B. die Wurzel zwischen $x = 5\pi$ und $x = 6\pi$ auszurechnen, werde $x_1 = 5\pi + \frac{\pi}{2}$ als erster Näherungswert angenommen.

x_r	$f(x_r)$	$f'(x_r)$	$-\frac{f(x_r)}{f'(x_r)}$
$x_1 = 5\pi + \frac{\pi}{2}$	-1	-17.3	$-0.058 \quad = -0.0184\pi$
$x_2 = +5.4816\pi$	-0.00342	-17.2	$-0.000199 = -0.000063\pi$
$x_3 = +5.481537\pi$			

Der Wert von $f'(x)$ ändert sich in den drei Stellen -17.2 nicht mehr. Die Änderungen von x sind daher bis auf weniger als $\frac{1}{3}$ Prozent ihres Betrages denen von $f(x)$ proportional. Mithin muß die zuletzt berechnete Verbesserung und daher auch der Wert von x_3 in den hingeschriebenen Ziffern richtig sein.

Unter Umständen kann es zweckmäßiger sein, $f'(x)$ nicht durch Differentiation zu bilden, sondern es dadurch genähert zu finden, daß man bei der Berechnung von $f(x)$ zugleich die Änderung $f(x+h) - f(x)$ berechnet, wo für h eine kleine Größe, z. B. die Einheit der 1. oder 2. oder 3. etc. Dezimale, angenommen wird. Dann ist $\frac{f(x+h) - f(x)}{h}$ genähert gleich $f'(x)$. Besonders dann ist die Rechnung bequem, wenn $f(x)$ aus einer Summe von Gliedern besteht, deren einzelne Werte aus fertigen Tabellen entnommen werden. Man kann dann für jedes Glied die Differenz zweier aufeinanderfolgender Werte der Tabelle bilden und auf diese Weise den Unterschied der Werte der Funktion für eine gegebene kleine Änderung von x zusammensetzen.

Wir können z. B. die oben betrachtete Gleichung

$$\sin x - x \cos x = 0$$

auf folgende Weise behandeln. Sei 5.5π als erster Näherungswert gegeben, so setzen wir zunächst $x = 5.5\pi - u$ und haben dann

$$-\cos u + (5.5\pi - u)\sin u = 0$$

oder

$$(5.5\pi - u)\operatorname{tg} u = 1$$

oder

$$\log(5.5\pi - u) + \log \operatorname{tg} u = 0.$$

Wir setzen nun $u = \frac{n}{\varrho}$, wo $\varrho = \frac{180}{\pi} \cdot 60.60$; dann ist n gleich dem Winkel u in Sekunden gemessen. Die Gleichung geht dadurch über in

$$-\log \varrho + \log(3564000 - n) + \log \operatorname{tg}(u) = 0.$$

Man kann nun hier $n = 0$ nicht als ersten Näherungswert brauchen, weil $\log \operatorname{tg} u$ dafür unendlich wird. Da indessen n gegen 3564000 klein ist, so kann man in log (3564000 — n) zunächst $n = 0$ setzen und den Winkel so bestimmen, daß $\log \operatorname{tg} u = \log \varrho - \log (3564000)$.

$$\begin{aligned} \log \varrho &= 5.314425 \\ \log 3564000 &= 6.551938 \\ \hline \log \operatorname{tg} u &= 8.762487 \qquad u : 3^0\ 18'\ 44'' \\ & \qquad\qquad\quad n = 11924'' \end{aligned}$$

Dieser Winkel werde als erster Näherungswert eingeführt.

1)

$$\begin{array}{llr} 3564000 & -\log \varrho = 4.6855749 - 10 & \text{Änderung für 1'' in Einheiten der letzten Stelle} \\ -11924 & \log 3552076 = 6.5504823 & -1 \\ \hline 3552076 & \log \operatorname{tg} u = 8.7624810 - 10 & +365 \\ & \hline \quad 9.9985382 - 10 & +364 \\ & = -0.0014618 & \end{array}$$

$$\frac{+14618}{+364} = +40.1$$

$$\begin{aligned} &\text{erster Näherungswert } n = 11924 \\ &\text{Korrektion} \quad +40.1 \\ \hline &\text{zweiter Näherungswert } n = 11964.1'' \quad (3^0\ 19'\ 24.1'') \end{aligned}$$

2)

$$\begin{array}{llr} 3564000 & -\log \varrho = 4.6855749 - 10 & \text{Änderung für 1'' in Einheiten der letzten Stelle} \\ -11964.1 & \log 3552035.9 = 6.5504774 & -1 \\ \hline 3552035.9 & \log \operatorname{tg} u = 8.7639423 - 10 & +366 \\ & \hline \quad 9.9999946 - 10 & +365 \\ & = -0.0000054 & \end{array}$$

$$\frac{+54}{+365} = 0.15$$

$$\begin{aligned} & 11964.1 \\ & +0.15 \\ \hline \text{dritter Näherungswert } & 11964.25'' \quad (3^0\ 19'\ 24.25''). \end{aligned}$$

Will man den Wert noch genauer haben, so müßte man die Logarithmen auf mehr als 7 Stellen aufschlagen. Denn wenn die siebente Stelle der Summe der 3 Glieder auf 1.5 Einheiten unsicher ist, wird die daraus entspringende Unsicherheit der Verbesserung von n etwa $\frac{1.5}{365}$ Sekunden betragen.

§ 7. Berechnung der Wurzeln durch Iteration.

Wenn die Gleichung, deren Wurzel berechnet werden soll, auf die Form

$$x = \varphi(x)$$

gebracht werden kann und dabei erreicht werden kann, daß die Funktion $\varphi(x)$ in der Nähe der Wurzel sich nur langsam mit x ändert, so läßt sich die folgende Methode der Berechnung mit Vorteil anwenden. Es sei x_1 ein Näherungswert der Wurzel. Setzt man nun

$$x_2 = \varphi(x_1),$$

so ist x_2 ein neuer Näherungswert. Unter der gemachten Voraussetzung muß dann x_2 der Wurzel nahekommen. Denn bezeichnet x die Wurzel selbst, so erhält man durch Subtraktion der beiden Gleichungen

$$\begin{aligned} x &= \varphi(x) \\ x_2 &= \varphi(x_1) \end{aligned}$$

die Gleichung

$$x - x_2 = \varphi(x) - \varphi(x_1).$$

Nach der Voraussetzung soll aber $\varphi(x_1)$ sehr wenig von $\varphi(x)$ verschieden sein. Folglich ist auch x_2 sehr wenig von x verschieden.

So können wir z. B. die Gleichung

$$21\,x^{13} - 53\,x^7 + 65\,x^5 + 312\,x^2 - 74 = 0$$

so schreiben:

$$x = \sqrt{\frac{74}{312} - \frac{65}{312}x^5 + \frac{53}{312}x^7 - \frac{21}{312}x^{13}}.$$

In der Nähe der positiven Wurzel ändert sich die rechte Seite nur langsam. Denn die positive Wurzel ist, wie man durch Einsetzen von $x = 1$ findet, kleiner als 1 und daher spielen die Glieder mit x^5, x^7, x^{13} auf der rechten Seite eine geringe Rolle. Wird als erste Annäherung $x = 0$ genommen, so ergibt sich als folgende Annäherung $x = \sqrt{\frac{74}{312}} = 0.49.$ Benutzt man diese neue Annäherung wieder in derselben Weise, so ergibt sich als folgende Annäherung

$$0.4821$$

und, wenn dieser Wert benutzt wird, als folgende Annäherung

$$0.48247$$

und mit diesem wiederum

$$0.482454.$$

Man bemerke, daß die Näherungswerte abwechselnd zu groß und zu klein sind. Das muß immer der Fall sein, wenn $\varphi(x)$ in der Nähe der Wurzel mit wachsendem x abnimmt. Denn, wenn $x_1 > x$, so ist alsdann $\varphi(x) - \varphi(x_1) > 0$ und daher $x - x_2 > 0$, d. h. $x_2 < x$; wenn anderseits $x_1 < x$, so ist $\varphi(x) - \varphi(x_1) < 0$ und daher $x - x_2 < 0$, d. h. $x_2 > x$. Wenn dagegen $\varphi(x)$ in der Nähe der Wurzel mit wachsendem x zunimmt, so bleiben die sukzessiven Näherungen auf derselben Seite der Wurzel.

Um die Geschwindigkeit, mit welcher die Annäherung an die Wurzel vor sich geht, zu erkennen, betrachte man den Differentialquotienten von $\varphi(x)$. Ist dieser in der Nähe der Wurzel seinem absoluten Betrage nach nicht größer als ein echter Bruch m, so ist $\varphi(x) - \varphi(x_1)$ dem absoluten Betrage nach nicht größer als $m(x - x_1)$ und folglich auch $x - x_2$ dem absoluten Betrage nach nicht größer als $m(x - x_1)$. Die Abweichung des folgenden Näherungswertes x_3 von der Wurzel x ist dann absolut genommen nicht größer als $m(x - x_2)$, d. i. nicht größer als $m^2(x - x_1)$ u. s. f. Es vermindert sich mithin bei jedem Schritte die Abweichung von der Wurzel mindestens in dem Verhältnis $m : 1$. So kann man in dem eben gerechneten Beispiel $\varphi'(x)$ in der Nähe der Wurzel genähert berechnen

$$\varphi'(x) = \frac{1}{2} \frac{1}{\sqrt{312}} \frac{-325\,x^4 + 371\,x^6 - 273\,x^{12}}{\sqrt{74 - 65\,x^5 + 53\,x^7 - x\,12^{13}}}.$$

Mithin genähert

$$\varphi'(x) = -\frac{1}{2} \cdot \frac{1}{312} \cdot \frac{325\,x^4}{\varphi(x)} = -\frac{1}{2}\frac{325}{312} \cdot x^3 = -0.06.$$

Man kann in der Nähe der Wurzel $m < 0.07$ annehmen. Nach 4 Schritten vermindert sich also die Entfernung von der Wurzel auf weniger als 25 Millionstel der ersten Entfernung. Diese Art der Rechnung läßt sich häufig auch bei transzendenten Gleichungen mit Vorteil anwenden. Sie liegt auch manchen astronomischen und physikalischen Rechnungen zu Grunde, bei denen häufig kleine Korrektionsglieder die zu berechnende Größe selbst enthalten. Wofern die Korrektionsglieder sich nicht wesentlich ändern, wenn man einen Näherungswert statt des wahren Wertes einsetzt, benutzt man sie, um eine genauere Annäherung zu finden. Wenn man z. B. aus einer Monddistanz die geographische Länge eines Ortes berechnen will, so kommt bei der Reduktion der Monddistanz auf den Erdmittelpunkt die gesuchte Länge selbst vor. Gewöhnlich wird der hierbei angenommene Wert der Länge dem wahren Wert hinreichend nahe sein, um die Korrektion hinreichend genau zu ergeben. Sonst müßte man grade wie oben mit dem ermittelten Werte die Rechnung wiederholen.

Die Gleichung

$$\operatorname{tg}(x) = x$$

hat in jedem Intervall, in welchem tg (x) alle Werte von $-\infty$ bis $+\infty$ durchläuft, eine und nur eine Wurzel. Denn tg (x) wächst rascher als x und überholt daher jedesmal den Wert x. So liegt z. B. zwischen $-\frac{\pi}{2}$ und $+\frac{\pi}{2}$ eine Wurzel (nämlich $x = 0$), ebenso zwischen $+\frac{\pi}{2}$ und $3\frac{\pi}{2}$, $3\frac{\pi}{2}$ und $5\frac{\pi}{2}$ u. s. w. Für die größeren Wurzeln eignet sich die eben auseinandergesetzte Methode vortrefflich, wenn man die Gleichung in der Form schreibt:

$$x = \operatorname{arc} \operatorname{tg} x.$$

Denn der Differentialquotient der rechten Seite ist gleich

$$\frac{1}{1 + x^2},$$

wird also für große Werte von x sehr klein. Geht man z. B. von dem Werte $x_1 = 7\frac{\pi}{2}$ aus, in dessen Nähe eine Wurzel liegen muß, so ist $\frac{1}{1 + x^2} < 0.01$. Bei jedem Schritt muß daher die Entfernung von der Wurzel sich auf weniger als ihren hundertsten Teil verkleinern.

$$x_1 = 7\frac{\pi}{2} \qquad \begin{aligned} \log 3.5 &= 0.544068 \\ \log \pi &= 0.497150 \\ \log x_1 &= 1.041218 \end{aligned}$$

$$\operatorname{arc} \operatorname{tg} x_1 : 84^0\ 48'\ 26'' + 3 \times 180^0$$

$$x_2 = 3.47115\,\pi \qquad \begin{aligned} \log 3.47115 &= 0.540473 \\ \log \pi &= 0.497150 \\ \log x_2 &= 1.037623 \end{aligned}$$

$$\operatorname{arc} \operatorname{tg} x_2 : 84^0\ 45'\ 38'' + 3 \times 180^0$$

$$x_3 = 3.47089\,\pi \qquad \begin{aligned} \log 3.47085 &= 0.540441 \\ \log \pi &= 0.497150 \\ \log x_3 &= 1.037591 \end{aligned}$$

$$\operatorname{arc} \operatorname{tg} x_3 : 84^0\ 45'\ 36''.6$$

$$x_4 = 3.47089\,\pi.$$

Die letzte Rechnung ändert den vorletzten Näherungswert nicht mehr in den noch aufgeführten Stellen. Damit hat man die Gewähr, daß die ermittelten Stellen richtig sind. Die Abweichung des ersten Näherungswertes x_1 beträgt weniger als 0.03; daher muß nach der obigen Überlegung der Fehler von x_2 weniger als 0.0003 und der von x_3 weniger als 0.000003 betragen.

Mit zentesimaler Teilung ist die Rechnung wesentlich bequemer, weil die Umrechnung des Winkels in Bruchteile von π wegfällt.

$$x_1 = 3.5\,\pi \qquad \log 3.5 = 0.544068$$
$$\log \pi = 0.497150$$
$$1.041218$$
$$\operatorname{arc\,tg} x_1 = 694^g.2261$$

$$x_2 = 6.942261\,\frac{\pi}{2} \qquad \log 6.94226 = 0.841501$$
$$\log \frac{\pi}{2} = 0.196120$$
$$1.037621$$
$$\operatorname{arc\,tg} x_2 = 694^g.1783$$

$$x_3 = 6.941783\,\frac{\pi}{2} \qquad \log 6.94178 = 0.841471$$
$$\log \frac{\pi}{2} = 0.196120$$
$$1.037591$$
$$\operatorname{arc\,tg} x_3 = 694^g.1780$$

$$x_4 = 6.941780\,\frac{\pi}{2}.$$

§ 8. Anwendung auf die Umkehrung einer Reihe.

In ähnlicher Weise läßt sich die Umkehrung einer Reihe ausführen. Es sei z. B.

$$y = x\,e^x = x + x^2 + \frac{x^3}{2!} + \frac{x^4}{3!} + \cdots$$

und es soll für einen kleinen Wert von y der zugehörige Wert von x berechnet werden, so kann man schreiben

$$x = y - x^2 - \frac{x^3}{2!} - \frac{x^4}{3!} - \cdots.$$

Ist x klein, so ändert sich die rechte Seite für einen gegebenen Wert von y nur langsam mit x und man kann daher das eben auseinandergesetzte

Verfahren anwenden. Bei den ersten Annäherungen, deren Fehler noch nicht sehr klein geworden ist, braucht man nur wenige Glieder zu berücksichtigen. Z. B.

$$
\begin{array}{lll}
y = 0.1 & x_1 = & 0.1 \\
 & x_2 = & 0.1 \\
 & & -0.01 \\ \hline
 & & 0.09 \\[1em]
 & x_3 = & 0.1 \\
 & & -0.0081 \\
 & & -0.0004 \\ \hline
 & & 0.0915 \\[1em]
 & x_4 = & 0.1 \\
 & & -0.00837 \\
 & & -38 \\
 & & -1 \\ \hline
 & & 0.09124 \\[1em]
 & x_5 = & 0.1 \\
 & & -0.00832 \\
 & & -38 \\
 & & -1 \\ \hline
 & & 0.09129 \\[1em]
 & x_6 = & 0.1 \\
 & & -0.008334 \\
 & & -380 \\
 & & -10 \\ \hline
 & & 0.09128
\end{array}
$$

Von hier ab wird die fünfte Dezimale nicht mehr geändert.

Man kann die Gleichung auf mancherlei andere Formen bringen, bei denen dasselbe Verfahren noch rascher zum Ziel führt. Z. B.

$$x^2 + x + 0.25 = 0.25 + y - \frac{x^3}{2!} - \frac{x^4}{3!} -$$

mithin

$$x = -0.5 + \sqrt{0.25 + y - \frac{x^3}{2!} - \frac{x^4}{3!} - \cdots}.$$

Zur Berechnung der ersten Stellen der Quadratwurzel bedient man sich dabei zweckmäßig einer Tafel der Quadratzahlen. Z. B.

$$y = 0.1 \qquad x_1 = 0.1$$

$$x_2 = -0.5 + \sqrt{0.3495}$$
$$= -0.5$$
$$+ 0.591$$
$$+ 0.091$$

$$x_3 = -0.5 + \sqrt{0.349613}$$
$$= 0.09128$$

$$x_4 = -0.5 + \sqrt{0.3496078}$$
$$= 0.091277.$$

Aufgabe. Zwischen zwei gleich hohen Punkten, deren Entfernung c bekannt ist, werde eine Kette von bekannter Länge l aufgehängt. Man soll die Gleichung der Kettenlinie finden.

Die Gleichung der Kettenlinie hat die Form

$$y = a \operatorname{Cos} \frac{x}{a}.$$

Der Wert von a ist aus den Werten von c und l zu berechnen. Die Länge l der Kettenlinie ist durch die Gleichung gegeben:

$$l = 2a \operatorname{Sin} \frac{c}{2a}.$$

Aus dieser Gleichung ist a zu berechnen. Man setze $\frac{c}{2a} = u$, so hat man:

$$\frac{l}{c} u = u + \frac{u^3}{3!} + \frac{u^5}{5!} + \cdots$$

oder, wenn durch u auf beiden Seiten dividiert wird:

$$\frac{l}{c} - 1 = \frac{u^2}{3!} + \frac{u^4}{5!} + \cdots$$

oder

$$u^2 = 6\left(\frac{l}{c} - 1\right) - \frac{1}{4.5} u^4 - \frac{1}{4.5.6.7} u^6 - \cdots.$$

Für den Fall einer einigermaßen flach gestreckten Kette ist $6\left(\frac{l}{c} - 1\right)$ klein. Man kann dann in der beschriebenen Weise den Wert von u^2 und daraus den Wert von a sehr rasch ermitteln.

Es sei z. B. $c = 100\,m$, $l = 105\,m$ und also $6\left(\frac{l}{c} - 1\right) = 0.3$.

$$
\begin{array}{rr}
u_1^2 = & 0.3 \\
u_2^2 = & 0.3 \\
 & -0.0045 \\
\hline
 & 0.2955 \\
u_3^2 = & 0.3 \\
 & -0.00437 \\
 & -0.00003 \\
\hline
 & 0.29560
\end{array}
$$

Da der Differentialquotient der rechten Seite negativ ist, so sind die Näherungswerte abwechselnd größer und kleiner als die Wurzel der Gleichung. Nun hat man

$$
\begin{aligned}
\log u^2 &= 9.47070 \\
\log \frac{c}{2a} &= 9.73535 \\
\log \frac{c}{2} &= 1.69897 \\
\hline
\log a &= 1.96362 \qquad a = 91.96\, m.
\end{aligned}
$$

Um zu beurteilen, wie schnell dies Verfahren konvergiert, hat man, wenn $u^2 = z$ geschrieben wird, in der Gleichung

$$z = 6\left(\frac{l}{c} - 1\right) - \frac{1}{4.5} z^2 - \frac{1}{4.5.6.7} z^3 - \cdots$$

die rechte Seite zu differentiieren. Ist in der Nähe des gesuchten Wertes von z der Differentialquotient

$$-\frac{2}{4.5} z - \frac{3}{4.5.6.7} z^2 - \cdot$$

absolut genommen nicht größer als ein echter Bruch m, so vermindert sich der Fehler bei jeder folgenden Annäherung mindestens auf den Bruchteil m seines vorigen Betrages. Damit das Verfahren schnell zum Ziele führe, muß der Wert des Differentialquotienten ein kleiner echter Bruch sein.

Es möge berechnet werden, für welchen Wert von z der Differentialquotient absolut genommen gleich 0.1 ist.

$$0.1 = \frac{2}{4.5} z + \frac{3}{4.5.6.7} z^2 + \cdots$$

oder

$$z = 1 - \frac{3}{2.6.7} z^2 - \frac{4}{2.6.7.8.9} z^3 - \cdots$$

$$\begin{aligned} z_1 &= 1 \\ z_2 &= 1 \\ &\quad -0.036 \\ &\quad -0.001 \\ &\quad \overline{0.963} \end{aligned}$$

$$\begin{aligned} z_3 &= 1 \\ &\quad -0.033 \\ &\quad -0.001 \\ &\quad \overline{0.966} \end{aligned}$$

Die nächste Annäherung unterscheidet sich in den hingeschriebenen Stellen nicht mehr von z_3. Der Wert von $\frac{l}{c}$ ergibt sich daraus gleich 1.169. Wenn also die Länge der Kette nicht mehr als etwa 17 Prozent länger ist, als die Entfernung der Aufhängungspunkte, so vermindert sich bei der Berechnung des Wertes a der Fehler von u^2 mit jedem Schritte auf mindestens ein Zehntel seines vorigen Betrages. Bei dem Wert $\frac{l}{c} = 1.169$ ist die Pfeilhöhe der Kette etwa gleich dem vierten Teil der Entfernung der Aufhängungspunkte.

Mit Hilfe von Tabellen für $\log \mathfrak{Sin}\, u$ kann die Rechnung für beliebige Werte von $\frac{l}{c}$ bequem ausgeführt werden. Man braucht nur die Gleichung

$$\frac{l}{c} u = \mathfrak{Sin}\, u$$

in die Form zu bringen:

$$\log l - \log c = \log \mathfrak{Sin}\, u - \log u$$

und findet z. B. für $l = 25$, $c = 7$

$$\begin{aligned} \log l &= 1.3979 \\ \log c &= 0.8451 \\ &\quad \overline{0.5528} \end{aligned}$$

Nun versucht man einzelne Werte von u, z. B.

$$u = 3 \qquad \begin{aligned} \log \mathfrak{Sin}\, u &= 1.0008 \\ \log u &= 0.4771 \\ &\quad \overline{0.5237} \text{ zu klein} \end{aligned}$$

$$u = 3.1 \qquad \begin{aligned} \log \mathfrak{Sin}\, u &= 1.0444 \\ \log u &= 0.4914 \\ &\quad \overline{0.5530} \text{ zu groß} \end{aligned}$$

$$u = 3.09 \qquad \log \mathfrak{Sin}\, u = 1.0400$$
$$\log u = 0.4900$$
$$\overline{0.5500} \text{ zu klein.}$$

Die Verminderung von $\log \mathfrak{Sin}\, u - \log u$ beträgt zwischen $u = 3.10$ und $u = 3.09$ dreißig Einheiten der vierten Stelle. Da man in diesem Intervall, wenn keine größere Genauigkeit verlangt wird, die Änderung der Änderung von u proportional setzen kann, so findet man demnach

$$u = 3.099$$

und mithin

$$a = \frac{c}{2u} = 1.130.$$

Das auf S. 52 beschriebene Newtonsche Verfahren zur Berechnung sukzessiver Näherungen kann als ein spezieller Fall des hier betrachteten Iterations-Verfahrens aufgefaßt werden. Eine Wurzel der Gleichung $f(x) = 0$ muß nämlich auch die Gleichung

$$x = x - \frac{f(x)}{f'(x)}$$

befriedigen. Der Differentialquotient der rechten Seite ist gleich

$$\frac{f(x)\, f''(x)}{f'(x)\, f'(x)}$$

und wird also in der Nähe einer einfachen Wurzel der Gleichung $f(x) = 0$ sehr klein. Wir können daher mit Hilfe eines Näherungswertes x_1 einen besseren Näherungswert x_2 durch Einsetzen von x_1 in die rechte Seite der Gleichung finden:

$$x_2 = x_1 - \frac{f(x_1)}{f'(x_1)}.$$

Dies ist nichts anderes als das Newtonsche Verfahren. Die Geschwindigkeit der Annäherung läßt sich nun auf folgende Weise überschlagen. Man hat wie oben:

$$x - x_2 = \varphi(x) - \varphi(x_1),$$

wo x die Wurzel selbst bedeutet und $\varphi(x)$ für $x - \frac{f(x)}{f'(x)}$ geschrieben ist. Nun ist nach dem Taylorschen Satze

$$\varphi(x_1) - \varphi(x) = \varphi'(x)(x_1 - x) + \frac{\varphi''(x)}{2!}(x_1 - x)^2 + \cdots,$$

und da $\varphi'(x) = 0$, $\varphi''(x) = \frac{f''(x)}{f'(x)}$ ist, so hat man in der Nähe der Wurzel unter Vernachlässigung der Glieder höherer Ordnung:

$$\varphi(x_1) - \varphi(x) = \frac{1}{2}\frac{f''(x)}{f'(x)}(x - x_1)^2.$$

Schreibt man der Kürze halber

$$-\frac{1}{2}\frac{f''(x)}{f'(x)} = m,$$

so kann man bis auf den Betrag der Glieder höherer Ordnung genau setzen

$$x - x_2 = m(x - x_1)^2$$

oder

$$m(x - x_2) = [m(x - x_1)]^2$$

und daher

$$m(x - x_3) = [m(x - x_2)]^2 = [m(x - x_1)]^4$$
$$m(x - x_4) = [m(x - x_3)]^2 = [m(x - x_2)]^4 = [m(x - x_1)]^8$$
usw.

Der Fehler der sukzessiven Näherungen vermindert sich also proportional der 2., 4., 8., 16. . . . Potenz von $m(x - x_1)$. Es muß dabei $m(x - x_1)$ absolut genommen kleiner als 1 sein und es müssen die vernachlässigten Glieder klein genug sein, um die Vernachlässigung zu rechtfertigen. Danach kann man die Annäherung an die Wurzel überschlagen. So ist z. B. bei dem auf S. 52 behandelten Beispiele etwa $m = +4.5$ und $m(x - x_1)$ dem absoluten Betrage nach kleiner als 0.1. Daraus ergibt sich, daß die Fehler der folgenden Näherungen kleiner sind als

$$\frac{1}{m}0.01, \ \frac{1}{m}0.0001, \ \frac{1}{m}0.00000001 \text{ usf.}$$

Aus den Gleichungen $m(x - x_2) = [m(x - x_1)]^2$ usw. folgt noch eine Eigentümlichkeit des Newtonschen Verfahrens. Da nämlich hiernach $m(x - x_2)$, $m(x - x_3)$ usw. alle positiv sein müssen, so haben $x - x_2$, $x - x_3$ usw. dasselbe Vorzeichen wie m. Wenn m positiv ist, so sind x_2, x_3 usw. alle kleiner als x, wenn m negativ ist, dagegen größer als x. Die erste Annäherung kann hingegen in beiden Fällen sowohl größer wie kleiner als x sein.

III. Abschnitt.

Nichtlineare Gleichungen mit mehreren Unbekannten.

§ 9. Die Newtonsche Methode.

Die Newtonsche Methode läßt sich auch bei mehreren Gleichungen mit mehreren Unbekannten durchführen. Sobald für die Unbekannten einigermaßen genaue Näherungswerte bekannt sind, kann man als Unbekannte die Verbesserungen der Näherungswerte einführen und kann die gegebenen Gleichungen, indem man die Glieder zweiter Ordnung vernachlässigt, als lineare Gleichungen für diese Verbesserungen ansehen. Es seien

$$f(x\,y) = 0$$
$$g(x\,y) = 0$$

zwei Gleichungen mit zwei Unbekannten x, y und es seien $x_1\,y_1$ Werte, für welche die Gleichungen nahezu befriedigt sind, d. h. für welche $f(x_1 y_1)$ und $g(x_1\,y_1)$ sehr wenig von Null verschieden sind. Setzt man nun $x = x_1 + h$, $y = y_1 + k$, so kann man bei Vernachlässigung der Glieder zweiter Ordnung schreiben:

$$f(x\,y) = f(x_1\,y_1) + f_1\,h + f_2\,k$$
$$g(x\,y) = g(x_1\,y_1) + g_1\,h + g_2\,k,$$

wo f_1 und f_2 die partiellen Differentialquotienten von f nach x und y und g_1 und g_2 die von g bedeuten. Man erhält so für h und k die beiden linearen Gleichungen:

$$f_1\,h + f_2\,k + f(x_1\,y_1) = 0$$
$$g_1\,h + g_2\,k + g(x_1\,y_1) = 0,$$

die nach der oben beschriebenen Methode aufgelöst werden können. Da h und k klein sind, so brauchen die Koeffizienten dieser Gleichungen nur auf wenige Stellen ausgerechnet zu werden.

Geometrisch gesprochen sind die beiden Kurven

$$f(x\,y) = 0$$
$$g(x\,y) = 0$$

für die Punkte in der Nähe von $x_1 y_1$ durch die geraden Linien

$$f(x_1 y_1) + f_1 (x - x_1) + f_2 (y - y_1) = 0$$
$$g(x_1 y_1) + g_1 (x - x_1) + g_2 (y - y_1) = 0$$

ersetzt, deren Schnittpunkt dann anstatt des Schnittpunktes der beiden Kurven genommen wird. Wenn es nötig ist, kann man dieselbe Operation wiederholen, indem man statt $x_1 y_1$ die verbesserten Werte $x_1 + h$, $y_1 + k$ nimmt usf.

In manchen Fällen sind Näherungswerte für die beiden Unbekannten schon von vornherein bekannt. Wenn z. B. auf See Länge und Breite aus den beobachteten Höhenwinkeln zweier Gestirne gefunden werden sollen, so ist man von vornherein durch die Logge-Rechnung über den Ort des Schiffes ziemlich gut unterrichtet. Es handelt sich nur darum, die Werte der Logge-Rechnung durch die Beobachtung zu korrigieren. Sind t_1 und t_2 die Stundenwinkel zweier Gestirne für einen in Greenwich befindlichen Beobachter, sind ferner φ und λ die geographische Breite und Länge des Schiffsortes (die Länge auf Greenwich bezogen und wie der Stundenwinkel nach Osten negativ, nach Westen positiv gerechnet), sind endlich δ_1, δ_2 die Deklinationen und h_1, h_2 die durch Beobachtung gefundenen wahren Höhenwinkel der beiden Gestirne, so hat man zur Bestimmung von φ und λ die beiden Gleichungen:

$$\sin h_1 = \sin \varphi \sin \delta_1 + \cos \varphi \cos \delta_1 \cos (\lambda - t_1)$$
$$\sin h_2 = \sin \varphi \sin \delta_2 + \cos \varphi \cos \delta_2 \cos (\lambda - t_2).$$

Denn das sphärische Dreieck, dessen drei Ecken Pol, Zenith und Gestirn sind, hat zu Seiten $90^0 - \varphi$, $90^0 - \delta$, $90^0 - h$ und der Seite $90^0 - h$ gegenüber den Winkel $t - \lambda$. Wird der Winkel gegenüber der Seite $90^0 - \delta$ (das Azimut des Gestirns) mit a bezeichnet, und positiv oder negativ gerechnet, je nachdem der Stundenwinkel positiv oder negativ ist, so hat man, wie eine leichte Rechnung zeigt:

$$\frac{\delta h}{\delta \varphi} = \cos a, \quad \frac{\delta h}{\delta \lambda} = \cos \varphi \sin a.$$

Nun setze man zunächst für φ und λ die Näherungswerte ein und berechne nach den obigen beiden Gleichungen die zugehörigen Höhenwinkel, die mit H_1, H_2 bezeichnet werden mögen, während h_1 und h_2 die durch die Beobachtung gefundenen Höhenwinkel bezeichnen. Sind nun $\Delta \varphi$ und $\Delta \lambda$ die Verbesserungen der Näherungswerte, so hat man, indem man sich h_1 und h_2 nach Potenzen von $\Delta \varphi$ und $\Delta \lambda$ entwickelt denkt und die Glieder zweiter Ordnung vernachlässigt:

$$h_1 - H_1 = \cos a_1 \Delta \varphi + \cos \varphi \sin a_1 \Delta \lambda$$
$$h_2 - H_2 = \cos a_2 \Delta \varphi + \cos \varphi \sin a_2 \Delta \lambda.$$

Man kann die beiden Geraden, die durch diese Gleichung dargestellt werden, wenn man $\Delta \varphi$ und $\cos \varphi \Delta \lambda$ als rechtwinklige Koordinaten auffaßt, auch in die Seekarte eintragen und ihren Schnittpunkt durch Zeichnung finden. Eine solche Gerade heißt bei den Seeleuten eine Standlinie oder auch eine Sumner Linie nach dem amerikanischen Kapitän Sumner, der die Betrachtung dieser Linien zuerst einführte. Auch eine einzige Höhenbeobachtung läßt sich mit Hilfe der Standlinie verwerten. Obgleich aus einer einzigen Höhe Länge und Breite nicht berechnet werden können, so erfährt man wenigstens, daß das Schiff sich auf einer bestimmten Linie befindet.

Wenn die beiden Beobachtungen von h_1 und h_2 nicht gleichzeitig gemacht sind, so wird im allgemeinen das Schiff inzwischen seinen Ort verändert haben. Die Näherungswerte von φ und λ werden dann für die zweite Beobachtung entsprechend der Ortsveränderung des Schiffes geändert sein. Die Gleichungen für die Verbesserungen $\Delta \varphi$ und $\Delta \lambda$ sind ebenso zu bilden, wie oben. Die berechneten $\Delta \varphi$ und $\Delta \lambda$ geben dann mit den ersten Näherungswerten von φ und λ die verbesserte Länge und Breite zur Zeit der ersten Beobachtung und mit den zweiten Näherungswerten die verbesserte Länge und Breite zur Zeit der zweiten Beobachtung.

Beispiel. Am 30. Oktober 1897 vormittags, Greenwicher Zeit: 29. Oktober, $18^h\ 56^m\ 50^{sec}$ wurde der Höhenwinkel des Sirius gemessen und nach Anbringung der Korrektionen wegen Refraktion und Kimmtiefe gleich $17^0\ 56'.5$ gefunden. Die Loggerechnung ergab zur Zeit der Beobachtung $49^0\ 56'$ nördlicher Breite und $11^0\ 23'.0$ westlicher Länge.

Zwanzig Minuten später Greenwicher Zeit: $19^h\ 16^m\ 50^{sec}$ wurde der Höhenwinkel der Venus gemessen und nach Anbringung der Korrektionen gleich $25^0\ 25'.6$ gefunden. Das Schiff hatte sich inzwischen mit einer Geschwindigkeit von etwa 17.5 Knoten nach Osten bewegt, so daß zur Zeit der zweiten Beobachtung nach der Logge-Rechnung die Breite dieselbe, die Länge aber $\frac{17.5}{3 \cos \varphi} = 9'.0$ östlicher geworden war. Aus dem nautischen Jahrbuch findet man Rektaszension und Deklination der beiden Gestirne zur Zeit der Beobachtung und die Greenwicher Sternzeit.

	Rektaszension	Deklination	Greenwicher Sternzeit
Sirius	$6^h\ 40^m\ 40.6^{sec}$	$-16^0\ 34'\ 18''$	$9^h\ 32^m\ 15.0^{sec}$
Venus	$12^h\ 43^m\ 33.5^{sec}$	$-\ 3^0\ \ 6'\ \ 5''$	$9^h\ 52^m\ 18.3^{sec}$

Der Greenwicher Stundenwinkel ist die Differenz zwischen Greenwicher Sternzeit und der Rektaszension. Er ergibt sich für Sirius gleich $2^h\ 51^m\ 34.4^{sec}$ und für Venus gleich $-(2^h\ 51^m\ 15.2^{sec})$.

Aus diesen Daten ergibt sich für Sirius $H = 17^0\ 55.2$ und $a = 148^0$, für Venus $H = 25^0\ 28'.4$ und $a = -121^0$ und wir erhalten für $\Delta\,\varphi$ und $\Delta\,\lambda$ die beiden Gleichungen:

$$\begin{array}{lll} -0.85\,\Delta\,\varphi & +0.34\,\Delta\,\lambda & -1.3 = 0 \\ -0.52\,\Delta\,\varphi & -0.55\,\Delta\,\lambda & +2.8 = 0 \end{array}$$

$$\begin{array}{rrrrl} -0.85 & +0.34 & -1.3 & 1.6 & \\ -0.52 & -0.55 & +2.8 & \underline{-1.3}\,. & \Delta\,\varphi = 0'.4 \\ & \underline{+0.21} & \underline{-0.8} & 0.3 & \\ & -0.76 & +3.6 & \multicolumn{2}{l}{\Delta\,\lambda = +4'.7} \end{array}$$

Die Breite der Loggerechnung muß demnach um 0'.4 nördlicher, die Länge um 4'.7 westlicher genommen werden.

Man kann die Rechnung auch ganz zweckmäßig in einer etwas anderen Weise anordnen. Man rechnet zuerst mit der durch Beobachtung gewonnenen wahren Höhe und der durch die Loggerechnung gegebenen Breite die Länge aus. Dazu wird die Gleichung zwischen h, φ, δ, $t - \lambda$ in die Form gebracht:

$$\sin^2 \tfrac{1}{2}\,(t-\lambda) = \frac{\sin \frac{1}{2}\,(z+\varphi-\delta)\cdot \sin \frac{1}{2}\,(z-\varphi+\delta)}{\cos\varphi \cdot \cos\delta},$$

wo z die Zenithdistanz des Gestirns bedeutet. Wenn man von dem so berechneten Werte λ die Länge der Loggerechnung abzieht, so hat man den Wert von $\Delta\,\lambda$, der dem Wert $\Delta\,\varphi = 0$ entspricht. Wenn man sich nun die Gleichung der Standlinie auf die Form gebracht denkt:

$$\Delta\,\lambda = m\,\Delta\,\varphi + \mu,$$

so ist $m = -\dfrac{\cos a}{\sin a \cos \varphi}$ und μ ist gleich dem Wert von $\Delta\,\lambda$ für $\Delta\,\varphi = 0$.

Mit der hinzukommenden Berechnung von a, wofür die Seeleute aber auch Tabellen besitzen, ist dann also die Gleichung der Standlinie gefunden. Oder man kann auch, statt a zu berechnen, die Rechnung für die Länge gleichzeitig noch einmal mit einem etwas anderen Werte von φ z. B. $\varphi + 10'$ ausführen. Daraus kann man dann die Differenz $\Delta\,\lambda$ finden, die dem Werte $\Delta\,\varphi = 10'$ entspricht und hat dann aus der Gleichung $\Delta\,\lambda = m\,\Delta\,\varphi + \mu$

$$m = \frac{\Delta\,\lambda - \mu}{10}.$$

Bei der ersten Art der Rechnung wird für die Standlinie eine Tangente des geometrischen Ortes gesetzt; bei der zweiten Art der Rechnung dagegen eine Gerade, die zwei benachbarte Punkte des geometrischen Ortes miteinander verbindet. Bei der ersten Art ist die Rechnung wohl etwas kürzer. —

In ähnlicher Weise wird auch bei der Methode der kleinsten Quadrate in dem Falle, wo die Fehler-Gleichungen ursprünglich nicht linear sind, die Rechnung auf lineare Gleichungen zurückgeführt, indem man die Verbesserungen von Näherungswerten als die Unbekannten betrachtet. Da die Verbesserungen klein sind, so kann man die auftretenden Funktionen nach Potenzen dieser Größen sich entwickelt denken, und die Glieder zweiter Ordnung vernachlässigen; dadurch werden die Fehler, deren Quadratsumme ein Minimum werden soll, lineare Funktionen der Unbekannten.

---

§ 10. Die Auffindung der ersten Näherungswerte.

Durch Elimination aller Unbekannten bis auf eine, kann man die Auflösung der Gleichungen mit mehr als einer Unbekannten auf solche mit einer Unbekannten zurückführen. Indessen ist die Elimination in vielen Fällen so umständlich oder schwierig, daß man sie zu vermeiden sucht. Bei zwei Gleichungen mit zwei Unbekannten kann man z. B. versuchen, zur Auffindung der ersten Näherungswerte die Kurven, welche durch die Gleichungen dargestellt werden, wenn man die Unbekannten etwa als rechtwinklige oder schiefwinklige Koordinaten oder auch als Polarkoordinaten auffaßt, in grober Annäherung zu zeichnen, um zunächst über die Lage der Schnittpunkte einen Überblick zu gewinnen. Hat man auf diese Weise für ein Wurzelsystem Näherungswerte gefunden, so kann man, wie früher schon gezeigt wurde, Verbesserungen dieser Näherungswerte berechnen, indem man die Verbesserungen als die Unbekannten einführt und nur die Glieder von der ersten Ordnung beibehält.

Beispiel:

$$4x^2 + 9y^2 = 1$$
$$(x-1)^2 + (y-0.5)^2 = 1.$$

Faßt man x und y als rechtliche Koordinaten auf, so stellt die erste Gleichung eine Ellipse dar, deren Hauptachsen in die Koordinatenachsen fallen und die halben Längen $\frac{1}{2}$ und $\frac{1}{3}$ haben. Die zweite Gleichung stellt einen Kreis dar, dessen Mittelpunkt die Koordinaten $x = 1$, $y = 0.5$ hat und dessen Radius gleich 1 ist. Eine oberflächliche Zeichnung lehrt, daß zwei reelle Schnittpunkte vorhanden sind. Der eine liegt nahe bei $x = 0$, $y = \frac{1}{3}$, der andere nahe bei $x = \frac{1}{3}$, $y = -\frac{1}{4}$. Wir wollen die genaue Berechnung des zweiten Schnittpunktes durchführen:

1. Näherungswert

x	y
0.33	—0.25

Man setzt in beiden Gleichungen

$$x = 0.33 + h, \; y = -0.25 + k$$

und vernachlässigt die Glieder zweiter Ordnung

$$\begin{aligned} -0.0019 + 2.64\,h - 4.5\;\;k &= 0 \\ +0.0114 - 1.34\,h - 1.50\,k &= 0. \end{aligned}$$

Die Auflösung der Gleichungen geschieht am besten mit dem Rechenschieber in der oben beschriebenen Weise. Denn es lohnt sich nicht, die Verbesserungen h, k sehr genau zu berechnen, weil in den Gleichungen ja doch schon die Glieder zweiter Ordnung vernachlässigt sind.

$$\begin{array}{rrrl} -0.0019 & +2.64 & -4.5 & \\ +0.0114 & -1.34 & -1.5 & \\ +0.0010 & & +2.28 & \\ \hline +0.0104 & & -3.78 & k = +0.00275 \\ & & -0.0019 & \\ & -4.5\,k = & -0.0124 & \\ \cline{3-3} & & -0.0143 & h = +0.00541 \end{array}$$

2. Näherungswert

$$\begin{array}{cc} x & y \\ 0.33541 & -0.24725 \end{array}$$

Die Verbesserungen ergeben sich aus den Gleichungen

$$\begin{array}{rrrl} +0.000192 & +2.68\,h & -4.45\,k = 0 & \\ +0.000062 & -1.33\,h & -1.49\,k = 0 & \\ -\qquad 95 & & +2.21 & \\ \hline 157 & & -3.70 & k = +0.000042 \\ & & & d = -0.000001 \end{array}$$

Die verbesserten Werte sind mithin

$$\begin{aligned} x &= 0.335409 \\ y &= -0.247208. \end{aligned}$$

Zur Kontrolle mögen diese Werte in die beiden Gleichungen eingesetzt werden. Es ergibt sich

$$\begin{aligned} 4\,x^2 + 9\,y^2 - 1 &= 0.00000283 \\ (x-1)^2 + (y-0.5)^2 - 1 &= 0.00000097. \end{aligned}$$

Wollte man abermals Verbesserungen berechnen, so könnte man die Koeffizienten von h und k aus den vorigen beiden Gleichungen beibehalten, da die neuen Werte in den hingeschriebenen Stellen sich nicht von den alten unterscheiden. Die Verbesserungen sind kleiner als eine Einheit der 6ten Dezimale.

Eine der beiden Unbekannten zu eliminieren und die resultierende Gleichung vierten Grades zu lösen, wäre weitläufiger. Im Gegenteil hat man zur Auflösung der Gleichungen dritten und vierten Grades mit einer Unbekannten auch wohl den Weg eingeschlagen, durch passende Einführung einer zweiten Unbekannten die Aufgabe auf die Berechnung der Schnittpunkte von Kurven zweiten Grades zurückzuführen.

Ist

$$a x^4 + b x^3 + c x^2 + d x + e = 0$$

die Gleichung vierten Grades, so kann man eine zweite Unbekannte y durch die Gleichung

$$x^2 + \frac{b}{2 a} x = y$$

definieren und dadurch die erste Gleichung auf die Form bringen:

$$a y^2 + \left(c - \frac{b^2}{4 a}\right) x^2 + d x + e = 0.$$

Die Definitionsgleichung von y stellt, wenn man x und y als rechtwinklige Koordinaten auffaßt, eine Parabel dar, deren Achse der y-Achse parallel ist und deren Schnittpunkte mit der x-Achse bei $x = 0$ und $x = -\frac{b}{2 a}$ liegen. Für die verschiedenen Werte von a und b bleibt die Parabel sich immer kongruent. Wenn man also auf durchsichtigem Papier die Parabel $x^2 = y$ ein für allemal aufzeichnet, so braucht man sie nur entprechend den Werten von a und b an ihre Stelle zu schieben. Die zweite Gleichung stellt eine Ellipse oder eine Hyperbel dar, wenn sie überhaupt für reelle Werte von x und y zu befriedigen ist. Der Mittelpunkt liegt auf der x-Achse bei

$$x = \frac{2 a d}{b^2 - 4 a c}.$$

Beispiel:

$$x^4 + 2 x^3 - 5 x^2 + 3 x - 7 = 0.$$

An die Stelle der einen Gleichung treten die beiden

$$x^2 + x = y$$
$$y^2 - 6 x^2 + 3 x - 7 = 0.$$

Die zweite Gleichung werde auf die Form gebracht:

$$y^2 - 6 (x - 0.25)^2 - 6.625 = 0.$$

Sie stellt eine Hyperbel dar mit den beiden Asymptoten

$$y = \pm \sqrt{6} (x - 0.25)$$

Die beiden Scheitelpunkte liegen auf beiden Seiten der x-Achse im Abstand $\sqrt{6.625}$.

Eine oberflächliche Zeichnung lehrt sofort, daß nur zwei Schnittpunkte vorhanden sind. Die Abszisse des einen ist nahe bei $x = +1.6$. Der andere Schnittpunkt liegt in einem Teil der Hyperbel, wo sie sich schon einigermaßen an die Asymptote

$$y = -\sqrt{6}\,(x - 0.25)$$

anschmiegt. Der entferntere Schnittpunkt dieser Geraden mit der Parabel $x^2 + x = y$ hat nahezu die Abszisse -3.6. Mit diesen beiden Näherungswerten kehrt man nun am besten zu der Gleichung vierten Grades zurück und wendet das Newtonsche Verfahren an. Man findet die genaueren Werte

$$x = +1.61338$$
$$x = -3.70545.$$

Es lohnt sich nicht, für die Kurven mehr als eine oberflächliche Zeichnung zu machen. Denn sobald es sich um genauere Werte handelt, ist die Rechnung sehr viel schneller ausgeführt als eine sorgfältige Zeichnung in größerem Maßstabe. Für eine erste Übersicht kann dagegen eine Zeichnung gute Dienste leisten.

Bei der Aufzeichnung der Kurven ist es bisweilen empfehlenswert, andere Veränderliche einzuführen.

So würde man z. B. eine Gleichung

$$a\,x^r y^s + b\,x^t y^u = 1,$$

durch Einführung der neuen Veränderlichen

$$\xi = x^r y^s$$
$$\eta = x^t y^u,$$

indem man ξ und η als rechtwinklige Koordinaten auffaßt, durch die gerade Linie

$$a\,\xi + b\,\eta = 1$$

darstellen können. Zu jedem Wertepaar ξ, η gehören dann die Werte

$$x = (\xi^u\,\eta^{-s})^{\frac{1}{ru-ts}}$$
$$y = (\xi^{-t}\,\eta^r)^{\frac{1}{ru-ts}},$$

die man logarithmisch zuberechnen haben würde, es sei denn, daß man auch in der zweiten Gleichung die Veränderlichen ξ und η zweckmäßig einführen könnte.—Oft kann man die Logarithmen der Veränderlichen mit Vorteil statt der Veränderlichen einführen, wovon im nächsten Paragraphen die Rede ist.

Die von C. F. Gauß *) erwähnte Aufgabe der Schiffahrtskunde läßt sich zweckmäßig in ähnlicher Weise behandeln. An drei Punkten (1), (2),

*) Gauß, Werke Bd. IV S. 407.

(3), welche in einer geraden Linie 1 und in bekannten Abständen voneinander, A von (1) nach (2), B von (2) nach (3) liegen, sind die Winkel ϑ, ϑ', ϑ'' zwischen zwei Zielpunkten (4), (5), deren gegenseitiger Abstand $= 2c$ ebenfalls bekannt ist, gemessen; man verlangt die Lage der drei ersteren Punkte gegen die beiden letzteren. Die drei Winkel ϑ, ϑ', ϑ'' bestimmen drei Kreisbögen als geometrische Örter für die Punkte (1) (2) (3). Die Kreisbögen verbinden die Punkte (4) und (5) und haben die Radien $\frac{c}{\sin\vartheta'}$, $\frac{c}{\sin\vartheta''}$ $\frac{c}{\sin\vartheta''}$. Zeichnet man sich diese drei Kreisbögen auf und merkt auf dem gerade abgeschnittenen Rande eines Papierstreifens die gegenseitige Lage der drei Punkte (1) (2) (3) an, so ist durch Hin- und Herschieben schnell eine Lage des Papierstreifens gefunden, für welche die drei Punkte auf die zugehörigen Bögen fallen. Es sind offenbar je zwei Lagen möglich, symmetrisch zu der Geraden, welche die Verbindungslinie von (4) und (5) senkrecht halbiert. Sie unterscheiden sich dadurch, daß die Punkte (4) und (5) in der einen Lage zu der Richtung 1, 2, 3 anders liegen als in der andern.

Handelt es sich um größere Genauigkeit, so wird die Zeichnung nicht ausreichen. Man kann dann aber die durch die Zeichnung gefundenen Werte durch Rechnung verbessern. Als Unbekannte mögen eingeführt werden erstens die Koordinaten des Punktes (2) und zweitens der Richtungswinkel der Richtung 1 2 3, d. i. der Winkel, den diese Richtung mit der Richtung der positiven x-Achse macht, gemessen von der positiven x-Achse aus in dem Drehungssinn, der durch 90° zur positiven y-Achse führt. Die Koordinaten der Punkte (1) (2) (3) sind alsdann

$$\begin{aligned}
&(1): x - A\cos\varphi, \quad y - A\sin\varphi \\
&(2): x \qquad\qquad\quad\; y \\
&(3): x + B\cos\varphi, \quad y + B\sin\varphi.
\end{aligned}$$

Werden die Koordinaten des Punktes (4) mit p, q, diejenigen von (5) mit r und s bezeichnet, so erhalten wir für die drei Unbekannten die Gleichungen

$$\begin{aligned}
&\operatorname{arc\,tg}\frac{q-y+A\sin\varphi}{p-x+A\cos\varphi} - \operatorname{arc\,tg}\frac{s-y+A\sin\varphi}{r-x+A\cos\varphi} = \vartheta\ ^{*)} \\
&\operatorname{arc\,tg}\frac{q-y}{p-x} - \operatorname{arc\,tg}\frac{s-y}{r-x} = \vartheta' \\
&\operatorname{arc\,tg}\frac{q-y-B\sin\varphi}{p-x-B\cos\varphi} - \operatorname{arc\,tg}\frac{s-y-B\sin\varphi}{r-x-B\cos\varphi} = \vartheta''.
\end{aligned}$$

*) Unter ϑ ist hier, wie die linke Seite der Gleichung angibt, die Drehung verstanden, die von der Richtung 15 in die Richtung 14 führt und je nach dem Drehungssinn positiv oder negativ gerechnet wird. Das Analoge gilt von ϑ' und ϑ''.

Diese drei Gleichungen werden durch die mit Hilfe der Zeichnung gefundenen Werte von x, y, φ im allgemeinen nicht genau befriedigt. Die Differenzen der linken und rechten Seiten mögen mit $\varepsilon, \varepsilon', \varepsilon''$ bezeichnet werden. Sind nun $dx, dy, d\varphi$ die Verbesserungen der gefundenen Werte und vernachlässigt man die Glieder zweiter Ordnung in dx, dy, $d\varphi$, so ergeben sich für diese Verbesserungen die drei linearen Gleichungen:

$$\begin{aligned} a\,(dx + A\sin\varphi\, d\varphi) - b\,(dy - A\cos\varphi\, d\varphi) + \varepsilon &= 0 \\ a'\,dx \qquad\qquad - b'\,dy \qquad\qquad + \varepsilon' &= 0 \\ a''(dx - B\sin\varphi\, d\varphi) - b''(dy + B\cos\varphi\, d\varphi) + \varepsilon'' &= 0, \end{aligned}$$

wo

$$\begin{aligned} a &= \frac{\sin(14)}{14} - \frac{\sin(15)}{15}, & b &= \frac{\cos(14)}{14} - \frac{\cos(15)}{15} \\ a' &= \frac{\sin(24)}{24} - \frac{\sin(25)}{25}, & b' &= \frac{\cos(24)}{24} - \frac{\cos(25)}{25} \\ a'' &= \frac{\sin(34)}{34} - \frac{\sin(35)}{35}, & b'' &= \frac{\cos(34)}{34} - \frac{\cos(35)}{35}. \end{aligned}$$

Dabei ist (14), (24) etc. .. geschrieben für den Richtungswinkel der Richtung vom Punkte (1) zum Punkte (4) etc. und 14, 24 etc. für die Entfernung zwischen den Punkten (1) und (4) etc.

Nachdem auf diese Weise die verbesserten Werte $x + dx$, $y + dy$, $\varphi + d\varphi$ gefunden sind, berechnet man zur Kontrolle noch einmal die Winkel 415, 425, 435. Ergeben sie sich noch immer nicht ganz gleich ϑ, ϑ', ϑ'', so berechnet man noch einmal Verbesserungen dx, dy, $d\varphi$, wobei aber $\varepsilon, \varepsilon', \varepsilon''$ zu ersetzen sind durch die zuletzt gefundenen Abweichungen von ϑ, ϑ', ϑ''.

---

§ 11. Einführung neuer Veränderlicher.

Oft kann es vorteilhaft sein, statt der ursprünglichen Unbekannten andere einzuführen. So wird z. B. der Zusammenhang zwischen dem Druck p und dem Volumen v eines idealen Gases bei adiabatischer Zustandsänderung, d. h. bei einer solchen Änderung, bei der weder Wärme zugeführt noch abgeführt wird, durch eine Gleichung von der Form

$$p \cdot v^{\gamma} = a$$

ausgedrückt, wo γ und a Konstanten bedeuten. Führt man hier die

Logarithmen von p und von v ein und schreibt $\log v = x$, $\log p = y$, so erhält man

$$y = -\gamma \cdot x + \log a.$$

Zwischen x und y besteht also eine lineare Gleichung, die sowohl für die Rechnung wie für die graphische Darstellung bequemer ist als die ursprüngliche Form.

Die Energie J der Strahlung eines absolut schwarzen Körpers ist als Funktion der Wellenlänge λ und der absoluten Temperatur ϑ durch die Formel

$$J = a\,\lambda^{-5}\,e^{-\frac{b}{\lambda\vartheta}}$$

darstellbar, wo a und b Konstante bedeuten und e die Basis der natürlichen Logarithmen ist. Dabei ist vorausgesetzt, daß wir uns auf einen solchen Bereich der Wellenlängen und Temperaturen beschränken, wo $\lambda\,\vartheta$ einigermaßen klein gegen b ist.

Führt man hier als neue Veränderliche die Größen ein:

$$\log \lambda = x$$
$$\frac{1}{\lambda\,\vartheta} = y$$
$$\log J = z,$$

so hat man:

$$z = -5\,x - b \cdot \log e \cdot y + \log a,$$

d. h. es wird z eine lineare Funktion von x und y. Für gegebene Werte von λ und ϑ lassen sich die Werte von x und y unmittelbar berechnen; aber auch umgekehrt findet man aus x und y die Werte von λ und ϑ, indem man zuerst λ aus x berechnet und dann $\vartheta = \frac{1}{\lambda\,y}$ hat.

Sind z. B. für die Wertsysteme $\lambda_1\,\vartheta_1$ und $\lambda_2\,\vartheta_2$ die Strahlungs-Energien J_1 und J_2 gemessen worden, und sollen nun daraus die beiden Konstanten a und b berechnet werden, so berechne man $x_1\,y_1\,z_1$ und $x_2\,y_2\,z_2$ und schreibe $\log a = A$, $b \log e = B$. Dann hat man für A und B die beiden linearen Gleichungen

$$A - B\,y_1 - 5\,x_1 - z_1 = 0$$
$$A - B\,y_2 - 5\,x_2 - z_2 \doteq 0.$$

Sollen A und B nach der Methode der kleinsten Quadrate aus den Beobachtungen der Energie für mehr als zwei Wertepaare λ, ϑ berechnet werden, so ist zu berücksichtigen, daß, wenn die verschiedenen Beträge der Energie mit gleicher wahrscheinlicher Genauigkeit beobachtet sind, die Fehler der entsprechenden Werte von z ungleiche wahrscheinliche

Genauigkeit haben. Denn da $\log J = z$, so hat man $\log e \cdot \frac{dJ}{J} = dz$. Man muß also einen Fehler von z mit dem betreffenden Werte von J multiplizieren, damit der Fehler des Produktes immer die gleiche Wahrscheinlichkeit habe. So ist daher, wenn

$$A - B y_r - 5 x_r - z_r = \varepsilon_r$$

die Fehlergleichungen sind, nicht die Summe der Quadrate der ε_r, sondern die Summe der Quadrate von $J_r \varepsilon_r$ zu einem Minimum zu machen oder, wie es nach Gauß heißt, der Fehler ε_r muß das Gewicht J_r^2 erhalten.

§ 12. Das Verfahren der Iteration.

Ein anderes Verfahren, nach und nach immer genauere Werte der Unbekannten zu finden, läßt sich ähnlich wie bei Gleichungen mit einer Unbekannten anwenden, wenn die Gleichungen auf die Form gebracht werden:

$$x = \varphi(x y)$$
$$y = \psi(x y),$$

und wenn dabei φ und ψ nur langsam mit x und y veränderlich sind. Bezeichnen nämlich a und b Näherungswerte für die gesuchten Unbekannten x und y, so wird ein besseres Paar von Näherungswerten $a_1 b_1$ gefunden, indem man a und b auf den rechten Seiten einsetzt.

$$a_1 = \varphi(a, b)$$
$$b_1 = \psi(a, b).$$

Mit a_1, b_1 kann man dann ebenso verfahren und ein drittes Wertepaar $a_2 b_2$ berechnen und damit so lange fortfahren, bis schließlich kein wesentlicher Unterschied mehr zwischen den aufeinanderfolgenden Wertepaaren besteht. Man überzeugt sich in der folgenden Weise davon, inwiefern die Näherungswerte immer bessere werden. Bezeichnen nämlich x und y die Unbekannten selbst, so ergibt sich durch Subtraktion der beiden Gleichungen:

$$x = \varphi(x y)$$
$$a_1 = \varphi(a b)$$

die Gleichung:

$$x - a_1 = \varphi(x y) - \varphi(a b)$$

und in analoger Weise

$$y - b_1 = \psi(x y) - \psi(a b).$$

Man kann nun nach dem Taylorschen Lehrsatz die rechten Seiten umformen und schreiben

$$x - a_1 = \varphi_1 (x - a) + \varphi_2 (y - b)$$
$$y - b_1 = \psi_1 (x - a) + \psi_2 (y - b),$$

wo' φ_1 und ψ_1 die partiellen Ableitungen nach x, φ_2 und ψ_2 diejenigen nach y bedeuten. Die partiellen Ableitungen haben wir uns für Werte der Veränderlichen genommen zu denken, die zwischen a und x und zwischen b und y liegen. Für die absoluten Beträge $|x - a_1|$, $|y - b_1|$ usw. folgt aus diesen Gleichungen:

$$|x - a_1| \leqq |\varphi_1| \cdot |x - a| + |\varphi_2| \cdot |y - b|$$
$$|y - b_1| \leqq |\psi_1| \cdot |x - a| + |\psi_2| \cdot |y - b|$$

und daraus durch Addition:

$$|x - a_1| + |y - b_1| \leqq (|\varphi_1| + |\psi_1|) \cdot |x - a| + (|\varphi_2| + |\psi_2|) \cdot |y - b|.$$

Sind nun $|\varphi_1| + |\psi_1|$ und $|\varphi_2| + |\psi_2|$ nicht größer als ein echter Bruch m, so ist

$$|x - a_1| + |y - b_1| \leqq m (|x - a| + |y - b|)$$

und folglich wird man dem gesuchten Wertsystem x, y bei fortgesetzter Rechnung beliebig nahekommen. Nach n-Schritten hat man:

$$|x - a_n| + |y - b_n| \leqq m^n (|x - a| + |y - b|).$$

Dieselben Betrachtungen lassen sich auch auf Gleichungen mit beliebig vielen Veränderlichen ausdehnen.

$$x = f(x, y, z \ldots w)$$
$$y = g(x, y, z \ldots w)$$
$$\vdots$$
$$w = k(x, y, z \ldots w).$$

Sobald die rechten Seiten sich nur langsam mit den Größen $x, y, z \ldots w$ ändern, kann man aus einem System von Näherungswerten ein besseres dadurch ableiten, daß man das erste in den rechten Seiten der Gleichungen einsetzt.

---

§ 13. Anwendung auf lineare Gleichungen.

Auch bei linearen Gleichungen läßt sich das Verfahren der Iteration bisweilen mit Vorteil verwenden.

Es seien z. B. die drei linearen Gleichungen zu lösen:

$$\begin{aligned} 3x + 0.03y + 0.06z &= 12 \\ -0.01x + 5y - 0.02z &= 10 \\ 0.02x + 0.02y - 4z &= 8. \end{aligned}$$

In der ersten Gleichung sind y und z mit kleinen Koeffizienten multipliziert. Schreibt man daher die Gleichung in der Form

$$x = 4 - 0.01\,y - 0.02\,z,$$

so ändert sich die rechte Seite nur langsam mit y und z. Das Analoge gilt von den andern beiden Gleichungen, wenn sie in der Form geschrieben werden:

$$\begin{aligned} y &= 2 + 0.002\,x + 0.004\,z \\ z &= -2 + 0.005\,x + 0.005\,y. \end{aligned}$$

Man gehe von den Näherungswerten $x = 4$, $y = 2$, $z = -2$ aus.

	x	y	z
1. Näherungswert	$+4$	$+2$	-2
2. ,,	$+4.02$	$+2$	-1.97
3. ,,	$+4.0194$	$+2.00016$	-1.9699
	usw.		

Man kann die Rechnung auch so ausführen, daß man die Gleichungen aufstellt zwischen den Verbesserungen, die von einem System von Näherungswerten zum nächsten führen. Sind $x_r\, y_r\, z_r$ die Näherungswerte, die sich nach r-Schritten ergeben, so ist

$$\begin{aligned} x_{r+1} - x_r &= -0.01\,(y_r - y_{r-1}) - 0.02\,(z_r - z_{r-1}) \\ y_{r+1} - y_r &= +0.002\,(x_r - x_{r-1}) + 0.004\,(z_r - z_{r-1}) \\ z_{r+1} - z_r &= +0.005\,(x_r - x_{r-1}) + 0.005\,(y_r - y_{r-1}). \end{aligned}$$

r	$x_{r+1} - x_r$	$y_{r+1} - y_r$	$z_{r+1} - z_r$
0	$+0.02$	0	$+0.03$
1	-0.0006	$+0.00016$	$+0.00010$
2	0.00000	0.00000	$+0.00000$

Für $r = 1$ ergeben sich hiernach schon die ersten 5 Dezimalen richtig.

$x_2 - x_0 = 0.01940$	$y_2 - y_0 = 0.00016$	$z_2 - z_0 = +0.03010$
$x_0 = 4$	$y_0 = 2$	$z_0 = -2$
4.01940	2.00016	$-1.96990.$

Die Rechnung kann manchmal mit Vorteil auf noch etwas anderem Wege ausgeführt werden, der besonders für die Gleichungen, die bei der Anwendung der Methode der kleinsten Quadrate auftreten, vorzuziehen ist.

Sind

$$\begin{aligned} a_1 x + b_1 y + c_1 z + d_1 &= 0 \\ a_2 x + b_2 y + c_2 z + d_2 &= 0 \\ a_3 x + b_3 y + c_3 z + d_3 &= 0 \end{aligned}$$

die gegebenen Gleichungen und sind x_1, y_1, z_1 Näherungswerte der Unbekannten, so setzen wir die Unbekannten x, y, z selbst gleich $x_1 + h, y_1 + k, z_1 + l$. Dann werden die neuen Unbekannten h, k, l den Gleichungen genügen:

$$\begin{aligned} a_1 h + b_1 k + c_1 l + \bar{d}_1 &= 0 \\ a_2 h + b_2 k + c_2 l + \bar{d}_2 &= 0 \\ a_3 h + b_3 k + c_3 l + \bar{d}_3 &= 0. \end{aligned}$$

Die Koeffizienten a_1, b_1 etc. bleiben also dieselben, nur die Glieder $\bar{d}_1, \bar{d}_2, \bar{d}_3$ sind andere geworden und zwar ist

$$\begin{aligned} \bar{d}_1 &= d_1 + a_1 x_1 + b_1 y_1 + c_1 z_1 \\ \bar{d}_2 &= d_2 + a_2 x_1 + b_2 y_1 + c_2 z_1 \\ \bar{d}_3 &= d_3 + a_3 x_1 + b_3 y_1 + c_3 z_1. \end{aligned}$$

Man braucht also nur diese zu berechnen, um die Gleichungen, denen h, k, l genügen, zu erhalten. Wenn man nun irgendein Prinzip hat, für die Gleichungen in ihrer ersten Form Näherungswerte x_1, y_1, z_1 der Unbekannten x, y, z zu finden, so kann man dasselbe Prinzip auf die Gleichungen in ihrer zweiten Form anwenden. Sind h_1, k_1, l_1 Näherungswerte der Unbekannten h, k, l, so setzt man wieder $h = h_1 + u$, $k = k_1 + v$, $l = l_1 + w$ und leitet für u, v, w neue Gleichungen ab, bei denen wieder nur die von u, v, w unabhängigen Glieder neu berechnet zu werden brauchen usw. Sind die Näherungswerte gut, so müssen die von den Unbekannten unabhängigen Glieder fortgesetzt kleiner und kleiner werden und damit werden auch die jedesmaligen Verbesserungen kleiner und kleiner. Man braucht nun bei der Rechnung die unverändert bleibenden Koeffizienten nicht wieder hinzuschreiben, sondern hat nur nötig, außer der Berechnung der Größen $\bar{d}_1 \bar{d}_2 \bar{d}_3$ usw. über die Näherungswerte Buch zu führen, deren Summen dann die gesuchten Werte schließlich mit jeder gewünschten Genauigkeit geben. Sind z. B. die Koeffizienten a_1, b_2, c_3 gegen die Koeffizienten $b_1, c_1, a_2, c_2, a_3, b_3$ groß, so kann man in dem ersten System die Näherungswerte x_1, y_1, z_1 so wählen, daß

$$a_1 x_1 + d_1, \quad b_2 y_1 + d_2, \quad c_3 z_1 + d_3$$

kleine Werte erhalten. Ebenso nimmt man dann im zweiten System die Näherungen h_1, k_1, l_1, so daß

$$a_1 h_1 + \overline{d}_1,\ b_2 k_1 + \overline{d}_2,\ c_3 l_1 + \overline{d}_3$$

klein werden usw.

Das oben auf anderem Wege behandelte Beispiel würde sich auf folgende Weise berechnen lassen:

$$\begin{aligned} 3x + 0.03y + 0.06z - 12 &= 0 \\ -0.01x + 5y - 0.02z - 10 &= 0 \\ 0.02x + 0.02y - 4z - 8 &= 0. \end{aligned}$$

d_1	d_2	d_3	x	y	z
— 12	— 10	— 8	+ 4	+ 2	— 2
+ 12	— 1.04	+ 0.08			
+ 0.06	+ 10	+ 0.04			
— 0.12	+ 0.04	+ 8			
— 0.06	0	+ 0.12	+ 0.02	0	+ 0.03
+ 0.06	— 0.0002	+ 0.0004			
+ 0.0018	— 0.0006	— 0.12			
+ 0.0018	— 0.0008	+ 0.0004	— 0.0006	+ 0.00016	+ 0.0001
— 0.0018	+ 0.000006	— 0.000012			
+ 0.0000048	+ 0.0008	+ 0.0000032			
+ 0.000006	— 0.000002	— 0.0004			
+ 0.0000108	+ 0.000004	— 0.0000088			
		Summe:	+ 4.0194	+ 2.00016	— 1.9699

Unter dem ersten horizontalen Strich stehen links die Zahlen -12, -10, -8, rechts die ersten Näherungswerte $x_1 = +4$, $y_1 = +2$, $z_1 = -2$. Dann folgen links in der nächsten Reihe die Werte von $a_1 x_1$, $a_2 x_1$, $a_3 x_1$, in der folgenden Reihe die Werte von $b_1 y_1$, $b_2 y_1$, $b_3 y_1$ und in der dann folgenden die Werte von $c_1 z_1$, $c_2 z_1$, $c_3 z_1$. Unter dem zweiten horizontalen Strich stehen links die Summen $\overline{d}_1 = -0.06$, $\overline{d}_2 = 0$, $\overline{d}_3 = +0.12$. Das sind zugleich die Werte, welche die linken Seiten der drei Gleichungen für $x = x_1$, $y = y_1$, $z = z_1$ annehmen. Rechts stehen dann die Werte h_1, k_1, l_1 usw. Unter dem dritten horizontalen Strich stehen links die Zahlen $+0.0018$, -0.0008, $+0.0004$. Das sind die Werte, welche die linken Seiten der Gleichungen in h, k, l für $h = h_1$, $k = k_1$, $l = l_1$ annehmen, oder welche die linken Seiten der ersten Gleichungen für $x = x_1 + h_1$, $y = y_1 + k_1$, $z = z_1 + l_1$ annehmen. Unter dem vierten horizontalen Strich stehen die Werte, welche die linken Seiten der ersten Gleichungen für $x = x_1 + h_1 + u_1$, $y = y_1 + k_1 + v_1$, $z = z_1 + l_1 + w_1$ annehmen.

Wenn die Werte $d_1\, d_2\, d_3$ beobachtete Größen sind, von denen man annimmt, daß sie mit einem gewissen Fehler behaftet sein können, so wird man die Annäherung nur etwa so weit treiben, bis die linken Seiten der Gleichungen unter den Fehler von d_1, d_2, d_3 herabgedrückt sind. Denn dann würden bei dem Spielraum, der für die wahren Werte von $d_1\, d_2\, d_3$ zugelassen ist, die Werte der linken Seiten in Wahrheit schon Null sein können. Es würde daher keinen Sinn haben, die Annäherung viel weiter zu treiben.

Wenn die Koeffizienten $b_1\, c_1$, $a_2\, c_2$, $a_3\, b_3$ nicht klein sind gegen a_1, b_2, c_3, so kann man zunächst dadurch, daß man eine Gleichung mit einem geeigneten Faktor multipliziert, von den andern abzieht, und dadurch, daß man neue Veränderliche einführt, die betreffenden Koeffizienten herabdrücken, ehe man das eben beschriebene Verfahren anwendet.

Z. B.
$$\begin{aligned} 3.45\, x - 1.22\, y + 2.73\, z + 10.23 &= 0 \\ 1.78\, x + 5.16\, y - 1.35\, z - 5.33 &= 0 \\ 2.31\, x - 2.73\, y + 4.71\, z + 9.54 &= 0. \end{aligned}$$

Statt x werde die Veränderliche $x' = x - 0.3\, y + 0.8\, z$ eingeführt. Dadurch gehen die Gleichungen über in:

$$\begin{aligned} 3.45\, x' - 0.185\, y - 0.030\, z + 10.23 &= 0 \\ 1.78\, x' + 5.694\, y - 2.774\, z - 5.33 &= 0 \\ 2.31\, x' - 2.037\, y + 2.862\, z + 9.54 &= 0. \end{aligned}$$

Jetzt werde die erste Gleichung erst mit 0.5 multipliziert und von der zweiten Gleichung abgezogen und dann mit 0.7 multipliziert und von der dritten Gleichung abgezogen. Dadurch gehen die Gleichungen über in:

$$\begin{aligned} 3.45\, x' - 0.185\, y - 0.030\, z + 10.23 &= 0 \\ 0.055\, x' + 5.7865\, y - 2.759\, z - 10.445 &= 0 \\ -0.105\, x' - 1.9075\, y + 2.883\, z + 2.379 &= 0. \end{aligned}$$

Auf diese Weise sind die Koeffizienten der Unbekannten in der ersten Reihe und in der ersten Kolonne herabgedrückt. In ähnlicher Weise wird nun auch der Koeffizient von z in der zweiten Gleichung und der Koeffizient von y in der dritten Gleichung vermindert. Zu der zweiten Gleichung addieren wir die dritte. Das gibt:

$$\begin{aligned} 3.45\, x' - 0.185\, y - 0.030\, z + 10.23 &= 0 \\ -0.05\, x' + 3.879\, y + 0.124\, z - 8.066 &= 0 \\ -0.105\, x' - 1.9075\, y + 2.883\, z + 2.379 &= 0. \end{aligned}$$

Endlich führen wir statt z die neue Veränderliche $z' = z - 0.7\, y$ ein und erhalten somit:

$$
\begin{aligned}
3.45\;x' - 0.206\;y - 0.030\,z' + 10.23 &= 0\\
-0.05\;x' + 3.9658\,y + 0.124\,z' - 8.066 &= 0\\
-0.105\,x' - 0.1106\,y + 2.883\,z' + 2.379 &= 0.
\end{aligned}
$$

Jetzt kann das oben beschriebene Verfahren mit Vorteil angewendet werden:

			x'	y'	z'
+ 10.23	— 8.066	+ 2.379	— 3	+ 2	— 0.8
— 10.35	+ 0.15	+ 0.315			
— 0.412	+ 7.9316	— 0.2212			
+ 0.024	— 0.0992	— 2.3064			
— 0.508	— 0.0836	+ 0.1664	+ 0.2	+ 0.02	— 0.05
+ 0.690	— 0.010	— 0.0210			
— 0.00412	+ 0.079316	— 0.002212			
+ 0.0015	— 0.0062	— 0.14415			
+ 0.17938	— 0.020484	— 0.000962	— 0.05		
— 0.1725	+ 0.0025	+ 0.00525			
+ 0.00688	— 0.017984	+ 0.004288		+ 0.004	
— 0.000824	+ 0.0158632	— 0.0004424			
+ 0.006056	— 0.0021208	+ 0.0038456			

Bei den letzten beiden Schritten ist nur je eine der Unbekannten geändert worden. Das kann mitunter zweckmäßig sein, wenn die von dieser Unbekannten in den andern Kolonnen herrührenden Produkte erheblich sind. Beim vorletzten Schritt z. B. ist das Glied, das in der dritten Kolonne vom Näherungswert — 0.05 herrührt, gleich + 0.00525, überwiegt also das ursprüngliche Glied — 0.000962. Es würde also keinen Zweck gehabt haben, aus diesem einen Näherungswert in der Kolonne z' abzuleiten.

			x'	y'	z'
+ 0.006056	— 0.0021208	+ 0.0038456	— 0.002	— 0.0005	— 0.001
— 0.00690	+ 0.00010	+ 0.00021			
— 0.000103	+ 0.0019829	— 0.0000553			
+ 0.00003	— 0.000124	— 0.002883			
— 0.000917	— 0.0001619	+ 0.0011173	+ 0.0003		— 0.0004
+ 0.001035	— 0.000015	— 0.0000315			
+ 0.000012	— 0.0000496	— 0.0011532			
+ 0.000130	— 0.0002265	+ 0.0000674			
		Summe:	— 2.8517	+ 2.0245	— 0.8514

Die Rechnung ist hier ohne alle Hilfsmittel ausgeführt. Solange die Änderungen der Unbekannten bei jedem Schritt nur in einer Ziffer vorgenommen werden, gewähren die rechnerischen Hilfsmittel kaum eine wesentliche Hilfe. Das Verfahren ist, wie man sieht, ganz ähnlich der gleichzeitigen Ausführung dreier Divisionen, nur daß jeder Divisor auch in die anderen beiden Rechnungen hineinspielt. Die Zahlen, die beim Abbrechen der Rechnung links vorhanden sind, hier:

$$+\,0.00013, \quad -\,0.0002265, \quad +\,0.0000674$$

spielen eine ähnliche Rolle wie der Rest bei der Division, und wie bei der Division kann man die Probe auf die Rechnung machen. Von den gefundenen Werten von $x'\,y'\,z'$ muß man nun noch zu den gesuchten Werten von $x\,y\,z$ aufsteigen, indem man die Gleichungen

$$\begin{aligned} x' &= x - 0.3\,y + 0.8\,z \\ z' &= z - 0.7\,y \end{aligned}$$

berücksichtigt.

Das Verfahren läßt sich ohne weiteres auf Gleichungen mit beliebig vielen Veränderlichen ausdehnen. Gerade wenn die Anzahl der Veränderlichen sehr groß wird, ist das Verfahren bequem zu verwenden. Besonders empfiehlt es sich für die Gleichungen, die bei der Anwendung der Methode der kleinsten Quadrate auftreten. Sind

$$\begin{aligned} a_1 x + b_1 y + \cdots + k_1 t + l_1 &= \varepsilon_1 \\ a_2 x + b_2 y + \cdots + k_2 t + l_2 &= \varepsilon_2 \\ &\vdots \\ a_n x + b_n y + \cdots + k_n t + l_n &= \varepsilon_n \end{aligned}$$

die Fehlergleichungen, so wird die Summe der Fehlerquadrate $[\varepsilon\,\varepsilon]$ ein Minimum, wenn $x, y, \ldots, t$ den Gleichungen genügen:

$$\begin{aligned} [a\,a]\,x + [a\,b]\,y + \cdots + [a\,k]\,t + [a\,l] &= 0 \\ [a\,b]\,x + [b\,b]\,y + \cdots + [b\,k]\,t + [b\,l] &= 0 \\ &\vdots \\ [k\,a]\,x + [k\,b]\,y + \cdots + [k\,k]\,t + [k\,l] &= 0 \end{aligned}$$

Die eckige Klammer bedeutet dabei, daß die Summe über allen Produkte genommen werden soll, z. B.:

$$[a\,b] = a_1 b_1 + a_2 b_2 + \cdots + a_n b_n.$$

Die Gleichungen, denen $x, y, \ldots t$ genügen, können auch in der Form geschrieben werden:

$$[a\,\varepsilon] = 0, \quad [b\,\varepsilon] = 0, \ldots, \quad [k\,\varepsilon] = 0.$$

Ersetzt man in der Summe der Fehlerquadrate $[\varepsilon\,\varepsilon]$ jedesmal das eine ε durch seinen Ausdruck in $x, y, \ldots t$ und beachtet die Gleichungen $[a\,\varepsilon] = 0$, $[b\,\varepsilon] = 0$ usw., so nimmt die Summe der Fehlerquadrate die Gestalt an:

$$[\varepsilon\,\varepsilon] = [l\,\varepsilon] = [a\,l]\,x + [b\,l]\,y + \cdots + [k\,l]\,t + [l\,l].$$

Wenn man nun statt einer der Größen $x, y, \ldots, t$, z. B. statt x eine andere Größe $h = x - x_1$ einführt, wo x_1 irgendeinen festen Wert bezeichnet, so gehen die Fehlergleichungen in die Form über:

$$a\,h + b\,y + \cdots + k\,t + \bar{l} = \varepsilon,$$

wo $\bar{l} = l + a\,x_1$. Die Gleichungen, denen dann $h, y, \ldots, t$ genügen müssen, damit $[\varepsilon\,\varepsilon]$ ein Minimum wird, werden:

$$\begin{aligned}
[a\,a]\,h + [a\,b]\,y + \cdots + [a\,k]\,t + [a\,\bar{l}] &= 0\\
[b\,a]\,h + [b\,b]\,y + \cdots + [b\,k]\,t + [b\,\bar{l}] &= 0\\
&\vdots\\
[k\,a]\,h + [k\,b]\,y + \cdots + [k\,k]\,t + [k\,\bar{l}] &= 0
\end{aligned}$$

und zugleich wird

$$[\varepsilon\,\varepsilon] = [\bar{l}\,\varepsilon] = [a\,\bar{l}]\,x + [b\,\bar{l}]\,y + \cdots + [k\,\bar{l}]\,t + [\bar{l}\,\bar{l}];$$

dabei ist

$$[a\,\bar{l}] = [a\,l] + [a\,a]\,x_1,\quad [b\,\bar{l}] = [b\,l] + [b\,a]\,x_1,\quad \cdots [k\,\bar{l}] = [k\,l] + [k\,a]\,x_1$$

und

$$\begin{aligned}
[\bar{l}\,\bar{l}] &= [l\,l] + 2\,[a\,l]\,x_1 + [a\,a]\,x_1^2\\
&= [l\,l] + [a\,l]\,x_1 + [a\,\bar{l}]\,x_1.
\end{aligned}$$

Wenn man x_1 so wählt, daß $[a\,\bar{l}]$ verschwindet:

$$x_1 = -\frac{[a\,l]}{[a\,a]},$$

so wird:

$$[\bar{l}\,\bar{l}] = [l\,l] - \frac{[a\,l]^2}{[a\,a]}.$$

Mithin ist dann $[\bar{l}\,\bar{l}]$ kleiner als $[l\,l]$, und es wird auch dann kleiner als $[l\,l]$ bleiben, wenn $[a\,\bar{l}]$ zwar nicht Null, aber doch sehr klein gemacht wird.

Diese Wahl von x_1 ist dieselbe wie bei dem oben beschriebenen Verfahren zur Auflösung linearer Gleichungen. Man tut nun gut, zugleich mit den Größen $[a\,\bar{l}], [b\,\bar{l}], \ldots, [k\,\bar{l}]$, deren Berechnung nach dem beschriebenen Verfahren allein in Frage käme, auch den Wert $[\bar{l}\,\bar{l}] = [l\,l] + [a\,l]\,x_1$

$+ [a \bar{l}]\, x_1$ zu berechnen und dadurch bei jedem Schritt zu konstatieren, auf wieviel sich die Summe $[l\, l]$ vermindert hat. Jeder Schritt würde nach dem Schema ausgeführt werden:

$$\begin{array}{lllll|l}
[a\, l], & [b\, l], & \ldots & [k\, l], & [l\, l] & x_1 \\
[a\, a]\, x_1, & [b\, a]\, x_1, & \ldots & [k\, a]\, x_1 & [l\, a]\, x_1 & \\
 & & & & [\bar{l}\, a]\, x_1 & \\
\hline
[a\, \bar{l}], & [b\, \bar{l}], & \ldots & [k\, \bar{l}], & [\bar{l}\, \bar{l}] &
\end{array}$$

Das Verfahren vermindert die Zahlen $[a\, l]$, $[b\, l]$, ... $[k\, l]$, $[l\, l]$ mehr und mehr und nähert $[l\, l]$ mehr und mehr dem Minimumswert von $[\varepsilon\, \varepsilon]$. Das folgende Beispiel bilden 6 Normalgleichungen, die einer Stationsausgleichung entnommen sind.

$$\begin{array}{rrrrrrrl}
18\, x & -\ 5\, y & +\ 8\, z & & +\ v & +\ 5\, w & -\ 91.8 & = 0 \\
-\ 5\, x & +\ 21\, y & +\ 4\, z & -\ u & +\ v & & -\ 3.6 & = 0 \\
-\ 8\, x & +\ 4\, y & +\ 27\, z & -\ 5\, u & +\ 7\, v & +\ 5\, w & -\ 118.9 & = 0 \\
 & -\ y & -\ 5\, z & +\ 14\, u & +\ 6\, v & & -\ 49.5 & = 0 \\
x & +\ y & +\ 7\, z & +\ 6\, u & +\ 20\, v & -\ 3\, w & -\ 63.9 & = 0 \\
5\, x & & +\ 5\, z & & -\ 3\, v & +\ 8\, w & -\ 75.5 & = 0 \\
-\ 91.8\, x & -\ 3.6\, y & -\ 118.9\, z & -\ 49.5\, u & -\ 63.9\, v & -\ 75.5\, w & +\ 1856.1 & = [\varepsilon\, \varepsilon].
\end{array}$$

Die Rechnung ist auf den Seiten 79 und 80 ausgeführt.

Es hat kaum einen Zweck, noch weiter zu rechnen, da die Zahl 501.15 nur noch um einen unerheblichen Betrag von dem Minimumswert von $[\varepsilon\, \varepsilon]$ entfernt ist. Die beim letzten Schritt eingeführten Unbekannten erreichen absolut genommen etwa die Grenze 0.1. Bezeichnen wir sie mit α, β, γ, δ, ε, ξ, so wäre nach dem Obigen

$$+ 0.1\, \alpha + 0.2\, \beta + 0.1\, \gamma - 0.8\, \delta + 1.7\, \varepsilon + 0.4\, \xi + 501.15 = [\varepsilon\, \varepsilon].$$

Mithin erreicht der Unterschied zwischen 501.15 und $[\varepsilon\, \varepsilon]$ nicht die Größe 0.33; denn das ist der äußerste Wert, den

$$0.1\, \alpha + 0.2\, \beta + 0.1\, \gamma - 0.8\, \delta + 1.7\, \varepsilon + 0.4\, \xi$$

annehmen kann, wenn α, β, γ, δ, ε, ξ absolut genommen nicht größer als 0.1 sein können.

Bricht man die Rechnung hier ab und setzt demnach

$$x = +\, 1.8,\ y = +\, 0.2,\ z = +\, 2.3,\ u = +\, 3.2,$$
$$v = +\, 2.6,\ w = +\, 7.9,$$

so hat die Summe der Fehlerquadrate den Wert 501.15, was dem Minimumswert sehr nahekommt. Ja man sieht, daß kein wesentlicher Nachteil damit verbunden wäre, die Rechnung schon weit eher abzubrechen. Nur die ersten Schritte setzen die Summe der Fehlerquadrate beträchtlich herab. Nachher vermindert sie sich nur verhältnismäßig wenig.

							x	y	z	u	v	w
− 91.8 + 45	− 3.6	− 118.9 + 45	− 49.5	− 63.9 − 27	− 75.5 + 72	+ 1856.1 − 679.5 − 31.5						+ 9
− 46.8 + 4	− 3.6 + 4	− 73.9 + 28	− 49.5 + 24	− 90.9 + 80	− 3.5 − 12	+ 1145.1 − 363.6 − 43.6					+ 4	
− 42.8	+ 0.4 − 2	− 45.9 − 10	− 25.5 + 28	− 10.9 + 12	− 15.5	+ 737.9 − 51.0 + 5.0				+ 2		
− 42.8 + 16	− 1.6 + 8	− 55.9 + 54	+ 2.5 − 10	+ 1.1 + 14	− 15.5 + 10	+ 691.9 − 111.8 − 3.8			+ 2			
− 26.8 + 18	+ 6.4 − 5	− 1.9 + 8	− 7.5	+ 15.1 + 1	− 5.5 + 5	+ 576.3 − 26.8 − 8.8	+ 1					
− 8.8 − 1	+ 1.4 − 1	+ 6.1 − 7	− 7.5 − 6	+ 16.1 − 20	− 0.5 + 3	+ 540.7 − 16.1 + 3.9					− 1	
− 9.8	+ 0.4 − 1	− 0.9 − 5	− 13.5 + 14	− 3.9 + 6	+ 2.5	+ 528.5 − 13.5 + 0.5				+ 1		
− 9.8 + 9	− 0.6 − 2.5	− 5.9 + 4	+ 0.5	+ 2.1 + 0.5	+ 2.5 + 2.5	+ 515.5 − 4.9 − 0.4	+ 0.5					
− 0.8 − 3.0	− 3.1	− 1.9 − 3.0	+ 0.5	+ 2.6 + 1.8	+ 5.0 − 4.8	+ 510.2 − 3.0 − 0.12						− 0.6
− 3.8 + 1.6	− 3.1 + 0.8	− 4.9 + 5.4	+ 0.5 − 1.0	+ 4.4 + 1.4	+ 0.2 + 1.0	+ 507.08 − 0.98 + 0.10			+ 0.2			

—2.2 —0.3	—2.3 —0.3	+0.5 —2.1	—0.5 —1.8	+5.8 —6.0	+1.2 +0.9	+506.20 — 1.74 + 0.06					—0.3	
—2.5 —1.5	—2.6	—1.6 —1.5	—2.3	—0.2 +0.9	+2.1 —2.4	+504.52 — 0.63 + 0.09						—0.3
—4.0 +3.6	—2.6 —1.0	—3.1 +1.6	—2.3	+0.7 +0.2	—0.3 +1.0	+503.98 — 0.8 — 0.08	+0.2					
—0.4 —1.0	—3.6 +4.2	—1.5 +0.8	—2.3 —0.2	+0.9 +0.2	+0.7	+503.10 — 0.72 + 0.12		+0,2				
—1.4	+0.6 —0.2	—0.7 —1.0	—2.5 +2.8	+1.1 +1.2	+0.7	502.50 — 0.50 + 0.06				+0.2		
—1.4 —0.1	+0.4 —0.1	—1.7 —0.7	+0.3 —0.6	+2.3 —2.0	+0.7 +0.3	502.06 — 0.23 — 0.03					—0.1	
—1.5 +0.8	+0.3 +0.4	—2.4 +2.7	—0.3 —0.5	+0.3 +0.7	+1.0 +0.5	501.80 — 0.24 + 0.03			+0.1			
—0.7 —1.0	+0.7	+0.3 —1.0	—0.8	+1.0 +0.6	+1.5 —1.6	501.59 — 0.30 + 0.02						—0.2
—1.7 +1.8	+0.7 —0.5	—0.7 +0.8	—0.8	+1.6 +0.1	—0.1 +0.5	501.31 — 0.17 + 0.01	+0.1					
+0.1	+0.2	+0.1	—0.8	+1.7	+0.4	501.15						
						Summe:	+1.8	+0.2	+2.3	+3.2	+2.6	+7.9

IV. Abschnitt.

Ganze rationale Funktionen einer Veränderlichen.

§ 14. Berechnung einer ganzen rationalen Funktion.

Die Auflösung einer Gleichung $f(x) = 0$ läuft, wie im § 5 gezeigt wurde, auf eine wiederholte Berechnung von $f(x)$ hinaus. Dies ist bei der Bestimmung der Wurzel oder der Wurzeln die wesentlichste rechnerische Arbeit. Es sollen in diesem Paragraphen einige Kunstgriffe auseinandergesetzt werden, welche die Rechnung erleichtern für den Fall, daß es sich um ganze rationale Funktionen handelt, d. h. um Funktionen, die aus einer Summe von Gliedern bestehen, von denen jedes das Produkt einer positiven oder negativen Konstanten in eine ganze positive Potenz von x ist. Die Form ist also diese:

$$a_0 x^n + a_1 x^{n-1} + a_2 x^{n-2} + \cdots + a_{n-1} x + a_n.$$

Um diese Funktion für irgendeinen Wert p zu berechnen, kann man zweckmäßig folgendermaßen verfahren. Man berechnet nacheinander die Größen $b_1, b_2, b_3 \ldots b_n$, wo

$$\begin{aligned} b_1 &= a_0 p + a_1 \\ b_2 &= b_1 p + a_2 \\ b_3 &= b_2 p + a_3 \\ &\vdots \\ b_n &= b_{n-1} p + a_n. \end{aligned}$$

Dann ist, wie man sogleich sieht, b_n der gesuchte Wert. Denn es ist

$$\begin{aligned} b_2 &= b_1 p + a_2 = a_0 p^2 + a_1 p + a_2 \\ b_3 &= b_2 p + a_3 = a_0 p^3 + a_1 p^2 + a_2 p + a_3 \\ &\vdots \\ b_n &= b_{n-1} p + a_n = a_0 p^n + a_1 p^{n-1} + \cdots + a_n. \end{aligned}$$

Man tut gut, nach folgendem Schema zu verfahren:

$$\begin{array}{ccccc} a_0 & a_1 & a_2 \cdots & a_{n-1} & a_n \\ & a_0 p & b_1 p & b_{n-2} p & b_{n-1} p \\ \hline & b_1 & b_2 & b_{n-1} & b_n \end{array}.$$

Es ist dies eigentlich nichts anders als ein Schema für die Division von $a_0 x^n + a_1 x^{n-1} + \cdots + a_n$ durch $x - p$, das in etwas ausführlicherer Form geschrieben, so lauten würde:

$$\begin{array}{l|l|l} x - p & a_0 x^n + a_1 x^{n-1} + \cdots + a_n & a_0 x^{n-1} + b_1 x^{n-2} + \cdots + b_{n-1} \\ & \underline{a_0 x^n - p a_0 x^{n-1}} & \\ & \quad b_1 x^{n-1} & \\ & \quad \underline{b_1 x^{n-1} - p b_1 x^{n-2}} & \\ & \qquad\qquad b_2 x^{n-2} & \\ & \qquad\qquad \vdots & \\ & \qquad\qquad b_n. & \end{array}$$

Die Größen $a_0\, b_1\, b_2 \ldots.\, b_{n-1}$ sind die Koeffizienten des Quotienten und b_n ist der Rest.

Wenn die Genauigkeit des Rechenschiebers ausreicht, so ist die Rechnung besonders bequem, weil die Multiplikationen alle mit demselben Faktor p auszuführen sind, die alle bei derselben Stellung des Schiebers abgelesen werden können.

Beispiel:

$$f(x) = 5.47\,x^5 - 3.38\,x^4 + 2.57\,x^3 + 10.21\,x^2 - 6.23\,x + 5.43 = 0.$$

$p = 0.93$

$$\begin{array}{rrrrrl} 5.47 & -3.38 & +2.57 & +10.21 & -6.23 & +5.43 \\ & +5.09 & +1.59 & +3.87 & +13.10 & +6.39 \\ \hline & +1.71 & +4.16 & +14.08 & +6.87 & +11.82 = f(p) \end{array}$$

$$f(x) = +11.82 + (x - 0.93)\, f_1(x),$$

wo $f_1(x) = 5.47\,x^4 + 1.71\,x^3 + 4.16\,x^2 + 14.08\,x + 6.87.$

Die Funktion $f_1(x)$ hat nur positive Koeffizienten. Sie kann also für positive Werte von x nur positive Werte haben. Daraus folgt sofort, daß eine positive Wurzel der Gleichung $f(x) = 0$ notwendigerweise kleiner als 0.93 sein müßte.

Es kann mitunter zweckmäßig sein, $f_1(x)$ von neuem in analoger Weise zu zerlegen, indem man durch $x - q$ dividiert.

Beispiel:

$q = -0.93$

$$\begin{array}{rrrrr} 5.47 & +1.71 & +4.16 & +14.08 & +6.87 \\ & -5.09 & +3.15 & -6.80 & -6.77 \\ \hline & -3.38 & +7.31 & +7.28 & +0.10 \end{array}$$

$$f_1(x) = +0.10 + (x + 0.93)\,(5.47\,x^3 - 3.38\,x^2 + 7.31\,x + 7.28)$$

und daher

$$f(x) = +11.82 + 0.10\,(x - 0.93)$$
$$+ (x - 0.93)\,(x + 0.93)\,(5.47\,x^3 - 3.38\,x^2 + 7.31\,x + 7.28).$$

Auf diese Weise fortfahrend zerlegt man eine Funktion in eine Summe von Gliedern, von denen das erste den Wert für $x = p$ darstellt. Die Summe der ersten beiden Glieder stellt eine lineare Funktion dar, die für $x = p$ und $x = q$ mit $f(x)$ übereinstimmt, die Summe der ersten drei Glieder eine Funktion 2. Grades, die für $x = p$, $x = q$, $x = r$ mit $f(x)$ übereinstimmt usf.:

$$f(x) = f(p) + f_1(q)\,(x - p) + f_2(r)\,(x - p)\,(x - q)$$
$$+ f_3(s)\,(x - p)\,(x - q)\,(x - r) + \text{etc.}$$

Aus dieser Entwicklung ergeben sich für $f(p)$, $f(q)$, $f(r)$, $f(s)$ etc. die Gleichungen

$$\begin{aligned}
f(p) &= f(p) \\
f(q) &= f(p) + f_1(q)\,(q - p) \\
f(r) &= f(p) + f_1(q)\,(r - p) + f_2(r)\,(r - p)\,(r - q) \\
f(s) &= f(p) + f_1(q)\,(s - p) + f_2(r)\,(s - p)\,(s - q) \\
&\quad + f_3(s)\,(s - p)\,(s - q)\,(s - r) \text{ etc.}
\end{aligned}$$

Beispiel:

$$f(x) = 7\,x^5 - 5.47\,x^3 + 3.33\,x^2 + 1.72\,x - 0.15$$
$$p = 0 \quad q = +0.2 \quad r = -0.2 \quad s = +0.5 \quad t = -0.5$$

$$\begin{array}{cccccc}
7 & 0 & -5.47 & +3.33 & +1.72 & -0.15 = f(p) \\
 & +1.4 & +0.28 & -1.04 & +0.46 & \\
\hline
 & +1.4 & -5.19 & +2.29 & +2.18 = f_1(q) & \\
 & -1.4 & 0.00 & +1.04 & & \\
\hline
 & 0.0 & -5.19 & +3.33 = f_2(r) & & \\
 & +3.5 & +1.75 & & & \\
\hline
 & +3.5 & -3.44 = f_3(s) & & & \\
 & -3.5 & & & & \\
\hline
 & 0.0 = f_4(t) & & & &
\end{array}$$

$$f(x) = -0.15 + 2.18\,x + 3.33\,x\,(x - 0.2)$$
$$- 3.44\,x\,(x - 0.2)\,(x + 0.2)$$
$$+ 7\,x\,(x - 0.2)\,(x + 0.2)\,(x - 0.5)\,(x + 0.5).$$

§ 15. Berechnung einer ganzen Funktion aus einer Anzahl ihrer Werte.

Wenn von einer Funktion $f(x)$ nicht die Entwicklung nach Potenzen von x gegeben ist, dafür aber eine Reihe von Werten der Funktion $f(p)$, $f(q)$, $f(r)$ etc. gegeben sind, so kann man die Zerlegung in die Form

$$f(p) + f_1(q)(x - p) + f_2(r)(x - p)(x - q) + \text{etc.}$$

direkt finden, indem man die Werte $f_1(q)$, $f_2(r)$ etc. aus den Gleichungen

$$f(q) = f(p) + f_1(q)(q - p)$$
$$f(r) = f(p) + f_1(q)(r - p) + f_2(r)(r - p)(r - q) \text{ etc.}$$

berechnet. Ist der Grad von $f(x)$ gleich n, so muß man die Werte von $f(x)$ für $n + 1$ Werte p, q, r etc. kennen, um die Koeffizienten aller Glieder zu finden.

Die Rechnung kann in folgender Weise durchgeführt werden. Man schreibe die Werte $p, q, r, \ldots$ in eine Kolonne und ebenso die Werte $f(p), f(q), f(r), \ldots$ und ziehe in beiden Kolonnen den ersten Wert von den übrigen ab. Wenn die Kolonnen mehr als drei Zahlen enthalten, so schreibt man, um die Differenzen zu bilden, die ersten Glieder am besten auf einen Zettel, den man an den übrigen Zahlen entlang führt. So erhält man die beiden Kolonnen

$$\begin{array}{ll} q - p & f(q) - f(p) \\ r - p & f(r) - f(p) \\ s - p & f(s) - f(p) \\ \text{etc.} & \text{etc.} \end{array}$$

Jetzt dividiert man die beiden ersten Glieder durcheinander, die beiden zweiten Glieder durcheinander usf. Auf diese Weise ergeben sich die Werte $f_1(q), f_1(r), f_1(s)$ etc.

Die Kolonne dieser Werte wird dann mit der Kolonne $q, r, s, \ldots$ oder auch $q - p, r - p, s - p, \ldots$ wieder ebenso behandelt und ergibt die Kolonne $f_2(r), f_2(s) \ldots$ usf.

Beispiel. Der Gang g eines Chronometers soll als ganze Funktion 2. Grades der Temperatur t dargestellt werden. Der Gang ist für drei Temperaturen beobachtet:

Temperatur	Gang
21.5°	+ 3.12sec
30.2°	+ 4.23sec
5.5°	+ 2.52sec

Daraus

Differenzen		Quotient	Differenzen		Quotient
8.7	1.11	+ 0.128	— 24.7	— 0.090	+ 0.00365
— 16.0	— 0.60	+ 0.038			

Mithin

$$g = 3.12 + 0.128\,(t - 21.5) + 0.00365\,(t - 21.5)\,(t - 30.2).$$

Man führt nun besser die Temperatur t_0 ein, für welche $\frac{dg}{dt}$ verschwindet.

$$\frac{dg}{dt} = 0.128 + 0.00365\,(2t - 51.7) = 0.00365\,(35.1 + 2t - 51.7)$$

$$t_0 = +8.3.$$

Und indem man jetzt nach Potenzen von $t - t_0$ ordnet, muß die erste Potenz wegfallen:

$$g = 2.49 + 0.00365\,(t - 8.3)^2.$$

Die Berechnung eines Wertes der Funktion $f(x)$, die in der Form

$$f(x) = f(p) + f_1(q)\,(x - p) + f_2(r)\,(x - p)\,(x - q) + \cdots$$

gegeben ist, läßt sich in ähnlicher Weise ausführen, wie wenn die Entwicklung nach Potenzen von x gegeben ist. Sei z. B. $f(x)$ vom dritten Grade:

$$f(x) = a_3 + a_2\,(x - p) + a_1\,(x - p)\,(x - q) + a_0\,(x - p)\,(x - q)\,(x - r),$$

so kann der Wert für $x = u$ so gefunden werden. Man berechnet sukzessive

$$b_1 = a_0\,(u - r) + a_1$$
$$b_2 = b_1\,(u - q) + a_2$$
$$b_3 = b_2\,(u - p) + a_3.$$

Dann ist $b_3 = f(u)$. Das Verfahren ist dasselbe wie das oben S. 81 auseinandergesetzte, nur daß dort an Stelle der Faktoren $u - r$, $u - q$, $u - p$ drei gleiche Werte treten. Die Rechnung kann nach einem ähnlichen Schema geschehen wie oben:

a_0	a_1	a_2	a_3
	$a_0\,(u - r)$	$b_1\,(u - q)$	$b_2\,(u - p)$
	b_1	b_2	b_3
$u - r$	$u - q$	$u - p.$	

Beispiel. In dem obigen Ausdruck für den Gang eines Chronometers

$$g = 3.12 + 0.128\,(t - 21.5) + 0.00365\,(t - 21.5)\,(t - 30.2)$$

soll der Wert von g für $t = +8.3$ berechnet werden.

$+0.00365$	$+0.128$	$+3.12$
	-0.080	-0.63
	$+0.048$	$+2.49 = g\,(8.3)$

$$u = 8.3 \qquad u = 8.3$$
$$q = 30.2 \qquad p = 21.5$$
$$-21.9 \qquad -13.2.$$

Die Berechnung von $f(p)$, $f_1(q)$, $f_2(r)$ etc. ist erheblich einfacher, wenn von den Größen p, q, r etc. je zwei aufeinanderfolgende die gleiche Differenz haben. Ist nämlich $q - p = r - q = \cdots = h$ und schreibt man die Entwicklung von $f(x)$ in der Form

$$f(x) = A_0 + A_1 (x - p) + \frac{A_2}{2!}(x - p)(x - q)$$
$$+ \frac{A_3}{3!}(x - p)(x - q)(x - r) + \text{etc.},$$

so ist

$$\Delta f(x) = f(x + h) - f(x) = h A_1 + h A_2 (x - p)$$
$$+ \frac{h A_3}{2!}(x - p)(x - q) + \text{etc.}$$

Denn $x + h - q = x - p$, $x + h - r = x - q$ etc.; daher z. B.

$$(x + h - p)(x + h - q)(x + h - r) - (x - p)(x - q)(x - r)$$
$$= (x + h - p)(x - p)(x - q) - (x - p)(x - q)(x - r)$$
$$= [(x + h - p) - (x - r)](x - p)(x - q)$$
$$= 3h(x - p)(x - q).$$

Mithin ist

$$h A_1 = \Delta f(p).$$

Bildet man in derselben Weise $\Delta^2 f(x) = \Delta f(x + h) - \Delta f(x)$, so ergibt sich

$$\Delta^2 f(x) = h^2 A_2 + h^2 A_3 (x - p) + \frac{h^2 A_4}{2!}(x - p)(x - q) + \cdots$$

Daher ist

$$h^2 A_2 = \Delta^2 f(p)$$

und in derselben Weise fortfahrend beweist man allgemein für jeden Wert von r

$$h^r A_r = \Delta^r f(p).$$

Ist $f(x)$ vom n-ten Grade, so muß $\Delta f(x)$ vom $n - 1$-ten Grade sein, weil sich das Glied der höchsten Potenz von x in der Differenz $f(x + h) - f(x)$ forthebt. $\Delta^2 f(x)$ ist vom $n - 2$-ten Grade usw. $\Delta^n f(x)$ ist von x unabhängig und alle folgenden Differenzen sind Null.

Aus der Reihe der Werte

$$f(p),\ \Delta f(p),\ \Delta^2 f(p), \ldots \Delta^{n-1} f(p),\ \Delta^n f(p)$$

findet man durch bloße Addition die Reihe der Werte

$$f(q),\ \Delta f(q),\ \Delta^2 f(q), \ldots \Delta^{n-1} f(q),\ \Delta^n f(q).$$

Denn es ist

$$\begin{aligned} f(q) &= f(p) + \Delta f(p) \\ \Delta f(q) &= \Delta f(p) + \Delta^2 f(p) \\ &\ \vdots \qquad \vdots \\ \Delta^n f(q) &= \Delta^n f(p). \end{aligned}$$

Auf dieselbe Weise findet man aus den Werten $f(q)$, $\Delta f(q)$, ... die Werte $f(r)$, $\Delta f(r)$, $\Delta^2 f(r)$ ... usf.

Z. B.

$$f(x) = 7x^5 - 5.47x^3 + 3.33x^2 + 1.72x - 0.15$$
$$p = -2,\ q = -1,\ r = 0,\ s = +1,\ t = +2$$

$$\begin{array}{llllll}
7 & 0 & -5.47 & +3.33 & +1.72 & -0.15 \\
 & -14 & +28 & -45.06 & +83.46 & -170.36 \\ \hline
 & -14 & +22.53 & -41.73 & +85.18 & -170.51 = f(p) \\
 & -7 & +21 & -43.53 & +85.26 & \\ \hline
 & -21 & +43.53 & -85.26 & +170.44 = \Delta f(p) & \\
 & +7 & -14 & \frac{\Delta^3 f(p)}{6} \downarrow & = \frac{\Delta^2 f(p)}{2} & \\ \hline
 & -14 & +29.53 = \frac{\Delta^3 f(p)}{6} & & & \\
 & +14 & & & & \\ \hline
 & 0 = \frac{\Delta^4 f(p)}{24} & & & & \\
\longrightarrow & = \frac{\Delta^5 f(p)}{120}. & & & &
\end{array}$$

Für die Reihe $f(p)$, $\Delta f(p)$, $\Delta^2 f(p)$, etc. erhalten wir also die Werte:

$$\begin{aligned} f(p) &= -170.51 \\ \Delta f(p) &= +170.44 \\ \Delta^2 f(p) &= -170.52 \\ \Delta^3 f(p) &= +177.18 \\ \Delta^4 f(p) &= 0 \\ \Delta^5 f(p) &= +840 \end{aligned}$$

und können nun aus diesen durch Addition je zweier untereinander stehender Zahlen die entsprechenden Werte für q und aus diesen die für r usw. ableiten.

	q	r	s	t	$t+h$
f:	− 0.07	− 0.15	+ 6.43	+ 196.85	1588.29
Δf:	− 0.08	+ 6.58	+ 190.42	+ 1391.44	etc.
$\Delta^2 f$:	+ 6.66	+ 183.84	+ 1201.02	+ 3898.20	
$\Delta^3 f$:	+ 177.18	+ 1017.18	+ 2697.18	+ 3217.18	
$\Delta^4 f$:	+ 840	+ 1680	+ 2520	+ 3360	
$\Delta^5 f$:	+ 840	+ 840	+ 840	+ 840.	

Durch die umgekehrte Rechnung kann man aus der Kolonne für p auch die Werte $f(p-h)$, $\Delta f(p-h) \ldots$ finden und aus diesen die für $p-2h$ usf.

$$\begin{array}{r} p-h \\ -1528.65 \\ +1358.14 \\ -1187.70 \\ +1017.18 \\ -\ \ 840 \\ +\ \ 840. \end{array}$$

Man muß dabei in der Kolonne von unten nach oben rechnen.

Man wird guttun, zur Kontrolle einen der so abgeleiteten Werte, z. B. $f(t+h)$ noch einmal direkt zu berechnen.

$$\begin{array}{rrrrrl} 7 \quad 0 & -\ 5.47 & +\ \ 3.33 & +\ \ 1.72 & -\ \ \ 0.15 & \\ +21 & +63 & +172.59 & +527.76 & +1588.44 & \\ \hline +21 & +57.53 & +175.92 & +529.48 & +1588.29 & = f(3). \end{array}$$

Dadurch sind gleichzeitig die Werte $f(q)$, $f(r)$, $f(s)$, $f(t)$ kontrolliert, deren Fehler ja bei der ersten Art der Berechnung in den Wert von $f(t+h)$, eingeht.

§ 16. Die Auffindung der Anzahl der reellen Wurzeln.

Handelt es sich um die Wurzeln der Gleichung $f(x)=0$, so sieht man sogleich ein, daß, wenn h positiv ist, und die Glieder einer Kolonne abwechselndes Zeichen haben, wie hier z. B. für $x=p-h$, keine Wurzel der Gleichung existieren kann, die kleiner ist als $p-h$. Denn die sämtlichen Differenzen $x-(p-h)$, $x-p$, $x-q$, $x-r$ etc. sind für $x<p-h$ negativ. Daher haben die Produkte

$$x-(p-h); \quad (x-(p-h))\,(x-p); \quad (x-(p-h)\,(x-p)\,(x-q) \text{ etc.}$$

abwechselndes Zeichen und die sämtlichen Glieder in der Entwicklung

$$f(x) = f(p-h) + h^{-1}\,\Delta f(p-h)\,(x-(p-h))$$
$$+ h^{-2}\,\frac{\Delta^2 f(p-h)}{2}\,(x-(p-h))\,(x-q) + \cdots$$

haben das gleiche Vorzeichen. Daher kann ihre Summe nicht verschwinden. Derselbe Satz bleibt noch bestehen, wenn einzelne Glieder der Kolonne Null sind. Es kann z. B. hier keine Wurzel geben, die kleiner ist als -2.

Wenn alle Glieder einer Kolonne das gleiche Zeichen haben wie z. B. hier für $x=s=+1$, so gibt es keine Wurzel, die größer ist als

$s + (n-1) \cdot h$, wo n den Grad der Gleichung bedeutet. Denn in der Entwicklung

$$f(x) = f(s) + h^{-1} \Delta f(s)(x-s) + \cdots$$
$$+ \frac{h^{-n} \Delta^n f(s)}{n!}(x-s) \cdots (x-s-h) \cdots (x-s-(n-1)h)$$

sind für $x > s + (n-1)h$ alle Glieder von gleichem Zeichen. Wenn h negativ ist, so schließen wir in analoger Weise, daß $a + (n-1)h$ eine untere Grenze der Wurzeln bildet, sobald die betreffende Kolonne lauter gleiche Vorzeichen aufweist, und b eine obere Grenze, wenn die entsprechende Kolonne lauter abwechselnde Vorzeichen enthält. In unserm Falle würden die Wurzeln nur zwischen -2 und $+5$ liegen können. Eine noch engere obere Grenze erkennen wir aus der Kontrollrechnung für $x = 3$ (S. 88). Hier sind die Koeffizienten $a_0, b_1, b_2, \ldots, b_5$ alle positiv. Da nun

$$f(x) = b_5 + (x-3)(a_0 x^4 + b_1 x^3 + b_2 x^2 + b_3 x + b_4),$$

so sind für $x > 3$ alle Glieder positiv. Die Wurzeln unsrer Gleichung liegen daher zwischen -2 und $+3$.

Man kann nun mit einem kleineren absoluten Wert von h die Rechnung wiederholen.

Z. B. $h = -0.2$

$p = +0.4 \quad q = +0.2 \quad r = 0 \quad s = -0.2 \quad t = -0.4$

7	0	— 5.47	+ 3.33	+ 1.72	— 0.15
	+ 2.8	+ 1.12	— 1.74	+ 0,636	+ 0.9424
	+ 2.8	— 4.35	+ 1.59	+ 2.356	+ 0.7924
	+ 1.4	+ 0.84	— 0.702	+ 0.1776	
	+ 4.2	— 3.51	+ 0.888	+ 2.5336	
	— 1.4	— 0.56			
	+ 2.8	— 4.07			
	— 2.8				
	0.0				

$$f(p) = +0.7924$$

$$\Delta f(p) = +2.5336 \times h \qquad \Delta f(p) = -0.50672$$

$$\frac{\Delta^2 f(p)}{2} = +0.888 \times h^2 \qquad \Delta^2 f(p) = +0.07104$$

$$\frac{\Delta^3 f(p)}{6} = -4.07 \times h^3 \qquad \Delta^3 f(p) = +0.19536$$

$$\frac{\Delta^4 f(p)}{24} = 0 \times h^4 \qquad \Delta^4 f(p) = 0$$

$$\frac{\Delta^5 f(p)}{120} = 7 \times h^5 \qquad \Delta^5 f(p) = -0.26880$$

	$p = +0.4$	$q = +0.2$	$r = 0$	$s = -0.2$	$t = -0.4$	-0.6	-0.8	-1.0
f	$+0.7924$	$+0.28568$	-0.15	-0.31928	-0.02680	$+0.65400$	$+1.11208$	-0.07
Δf	-0.50672	-0.43568	-0.16928	$+0.29248$	$+0.68080$	$+0.45808$	-1.18208	—
$\Delta^2 f$	$+0.07104$	$+0.26640$	$+0.46176$	$+0.38832$	-0.22272	-1.64016	—	—
$\Delta^3 f$	$+0.19536$	$+0.19536$	-0.07344	-0.61104	-1.41744	-2.49264	—	—
$\Delta^4 f$	0	-0.26880	-0.53760	-0.80640	-1.07520	-1.34400	—	—
$\Delta^5 f$	-0.26880	-0.26880	-0.26880	-0.26880	-0.26880	-0.26880	—	—

ferner für $p - h = +0.6$

$$\begin{array}{l} +1.4436 \\ -0.65120 \\ +0.14448 \\ -0.07344 \\ +0.26880 \\ -0.26880. \end{array}$$

Daraus folgt, daß die Wurzeln zwischen -1.0 und $+0.6$ liegen müssen, und zwar geht aus den Vorzeichen der berechneten Werte von $f(x)$ hervor, daß eine Wurzel zwischen -1.0 und -0.8, eine zweite zwischen -0.6 und -0.4 und eine dritte zwischen 0 und $+0.2$ liegt. Indessen ist nicht sogleich zu übersehen, daß zwischen den Grenzen -1.0 und $+0.6$ nicht noch mehr als drei Wurzeln liegen. Es könnten aber nur entweder drei oder fünf Wurzeln sein. Denn in einem Intervall, an dessen Grenzen $f(x)$ das gleiche Vorzeichen hat, kann nur eine grade Anzahl von Wurzeln liegen, und in einem Intervall, an dessen Grenzen $f(x)$ entgegengesetztes Zeichen hat, kann nur eine ungrade Anzahl liegen. Es kann die Anzahl der Wurzeln also wohl größer sein als die Anzahl der in der Reihe der berechneten Werte von $f(x)$ vorhandenen Zeichenwechsel, aber sie kann nur um eine grade Zahl größer sein.

Man kann nun aus den Vorzeichen der Werte von Δf, $\Delta^2 f$ etc. noch weitere Schlüsse über die Anzahl der vorhandenen Wurzeln ziehen. Um diese Schlüsse auseinanderzusetzen, müssen wir aber etwas weiter ausholen.

Es sei eine Reihe von Zahlen gegeben:

$$A_0\, A_1\, A_2 \ldots A_{n-1}\, A_n,$$

die wir zunächst alle von Null verschieden voraussetzen. Unter der Anzahl der Zeichenwechsel dieser Reihe versteht man alsdann die Zahl, welche angibt, wievielmal es in der Reihe vorkommt, daß zwei benachbarte Werte entgegengesetztes Vorzeichen haben.

Aus dieser Reihe werde eine andere abgeleitet, indem man eines der Glieder, z. B. A_r durch den Wert

$$B = A_r + m\, A_{r-1}$$

ersetzt, wo m ein positiver Wert sein soll. Die Anzahl der Zeichenwechsel der neuen Reihe

$$A_0\, A_1\, A_2 \ldots A_{r-1}\, B\, A_{r+1} \ldots A_n$$

würde, wenn A_r und A_{r-1} das gleiche Vorzeichen besitzen, dieselbe sein müssen, wie die der ersten Reihe, weil B dann dasselbe Zeichen wie A_r haben muß. Wenn aber A_r und A_{r-1} entgegengesetztes Vorzeichen besitzen, so kann der Fall eintreten, daß B ein anderes Vorzeichen als A_r, nämlich das von A_{r-1} erhält. In diesem Falle geht der Zeichenwechsel von $A_{r-1} A_r$ in eine Zeichenfolge $A_{r-1} B$ über.

Nun können drei Möglichkeiten eintreten. Entweder $A_r A_{r+1}$ war eine Zeichenfolge, dann ist $B A_{r+1}$ ein Zeichenwechsel; oder $A_r A_{r+1}$ war ein Zeichenwechsel, dann ist $B A_{r+1}$ eine Zeichenfolge; oder endlich es ist $r = n$. Im ersten Falle ist die Anzahl der Zeichenwechsel in der neuen Reihe dieselbe wie in der alten; denn für den verlorenen Zeichenwechsel $A_{r-1} A_r$ ist ein neuer $B A_{r+1}$ aufgetreten. Im zweiten Falle ist die Anzahl der Zeichenwechsel in der zweiten Reihe um zwei Einheiten kleiner als in der ersten Reihe; denn die beiden Zeichenwechsel $A_{r-1} A_r$ und $A_r A_{r+1}$ gehen in die Zeichenfolgen $A_{r-1} B$ und $B A_{r+1}$ über. Im dritten Falle ist die Anzahl der Zeichenwechsel in der neuen Reihe um eine Einheit kleiner als in der ersten Reihe; denn der Zeichenwechsel $A_{n-1} A_n$ ist in die Zeichenfolge $A_{n-1} B$ übergegangen. Die Anzahl der Zeichenwechsel kann sich also keinesfalls vergrößern, sondern höchstens vermindern, entweder um eine oder um zwei Einheiten. Um eine Einheit vermindert es sich dann und nur dann, wenn das letzte Glied der Reihe das Vorzeichen wechselt.

Man denke sich nun die neue Reihe mit demselben oder irgendeinem andern Werte von m in derselben Weise wieder abgeändert, so gilt dasselbe. Es kann die Anzahl der Zeichenwechsel nur abnehmen, niemals zunehmen, und sooft das letzte Glied der Reihe sein Vorzeichen wechselt, muß ein Vorzeichen verlorengehen, im andern Falle können nur je zwei verlorengehen. Wenn man diese Rechnung eine beliebige Anzahl Male wiederholt hat und es ist dabei λ mal vorgekommen, daß das letzte Glied von einer Reihe zur nächsten wechselte, so ist die Anzahl der im ganzen verlorenen Zeichenwechsel entweder gleich λ oder um eine gerade Anzahl größer.

Wenn z. B. aus der Reihe

$$a_0\, a_1\, a_2 \ldots a_n$$

nach dem oben angegebenen Schema die Reihe der Größen

$$a_0\, b_1\, b_2 \ldots b_n$$

berechnet wird, wo $b_1 = a_1 + p\, a_0$, $b_2 = a_2 + p\, b_1 \ldots$, $b_n = a_n + p\, b_{n-1}$ und p eine positive Größe bedeutet, so kann die zweite Reihe nur weniger, nicht mehr Zeichenwechsel enthalten, und die Zahl der verlorenen Zeichenwechsel ist grade oder ungrade, je nachdem a_n und b_n das gleiche Zeichen haben oder entgegengesetztes.

Diese Bemerkung gilt auch für die Werte, die wir mit Hilfe der Regel

$$\Delta^r f(x) + \Delta^{r+1} f(x) = \Delta^r f(x+h)$$

aus der Kolonne

$$\begin{array}{c} f(p) \\ \Delta f(p) \\ \vdots \\ \Delta^n f(p) \end{array}$$

aufbauen.

So haben wir z. B. in der Tabelle auf Seite 90 in der Kolonne für $q = +0.2$ drei Zeichenwechsel, in der folgenden ($r = 0$) zwei, in der nächsten wieder zwei, dann wieder zwei, eins, eins und endlich keins mehr. Die Anzahl nimmt von Kolonne zu Kolonne niemals zu, sondern bleibt entweder gleich oder vermindert sich. Es braucht dabei auch nicht ausgeschlossen zu sein, daß eines oder mehrere Glieder verschwinden. Man muß dann nur die Zeichenwechsel so zählen, als ob die Glieder gar nicht vorhanden wären. So hat man z. B. in der Kolonne $p = +0.4$ drei Zeichenwechsel zu zählen.

Vorausgesetzt nun, daß der Unterschied h zweier aufeinanderfolgender Werte $p, q, r \ldots$ so klein ist, daß $f(x)$ nicht mehr als einmal sein Zeichen wechselt, wenn x ein solches Intervall von p zu q oder von q zu r etc. durchläuft, und wenn bei jeder Wurzel $f(x)$ sein Zeichen wechselt, so muß in jedem Intervall, in dem eine Wurzel liegt, bei den betreffenden beiden Kolonnen eine ungrade Anzahl von Zeichenwechseln verlorengehen. Die Anzahl der Zeichenwechsel, die von einer Kolonne ($x = p$) zu einer andern ($x = p + \lambda h$) verlorengeht, ist daher gleich der zwischen p und $p + \lambda h$ gelegenen Wurzeln oder um eine grade Zahl größer; d. h. man kann aus den beiden Kolonnen allein, auch ohne die zwischenliegenden Kolonnen zu kennen, einen Schluß auf eine obere Grenze der Wurzeln machen. Vorausgesetzt, daß h hinreichend klein ist, folgt z. B. aus den Kolonnen für $x = 0$ und $x = -1$, daß in diesem Intervall nicht mehr als zwei Wurzeln liegen. Läßt man h sich der Null nähern, so geht $\Delta f \cdot h^{-1}$ in f', $\Delta^2 f \cdot h^{-2}$ in f'' über usw. Für positive hinreichend kleine Werte von h haben daher $\Delta^n f, \Delta^{n-1} f \ldots \Delta f, f$ dieselben Zeichen wie

$$f^n, f^{n-1}, \ldots f', f.$$

Wir erhalten daher den Satz, daß die Anzahl der Zeichenwechsel in der Reihe $f^{(n)}(x), f^{(n-1)}(x), \ldots f'(x), f(x)$ mit wachsenden Werten von x sich nur vermindern kann und daß die Anzahl der in einem Intervall verlorenen Zeichenwechsel der Anzahl der Wurzeln, die in dem Intervall liegen, entweder gleich ist oder sie um eine grade Anzahl übertrifft.

Die Werte der Reihe $\frac{f^n}{n!}, \frac{f^{n-1}}{(n-1)!} \cdots f', f$ kann man für irgendeinen Wert p in derselben Weise berechnen, in der oben (S. 83) die Koeffizienten der Entwicklung

$$f(x) = f(p) + f(q)(x-p) + f_2(r)(x-p)(x-q) + \text{etc.}$$

berechnet worden sind. Man braucht nur die Werte $p, q, r \ldots$ alle einander gleich zu machen; dann geht die Entwicklung in die Entwicklung nach Potenzen von $x - p$ über und folglich wird

$$f_1(q) = f'(p)$$

$$f_2(r) = \frac{f''(p)}{2!}$$

etc.

Für die Vorzeichen von $f^{(n)}, f^{n-1}, \ldots f' \cdot f$ kommt es auf die Nenner $\frac{1}{n!}, \frac{1}{n-1!} \cdots$ nicht an. Man hat daher nicht nötig, die gefundenen Zahlen $f_2(r), f_3(s) \ldots$ erst mit $2!, 3! \ldots$ zu multiplizieren.

Die Vorzeichen von $f^{(n)} f^{(n-1)} \ldots f' f$ für das Argument 0 sind identisch mit den Vorzeichen der Koeffizienten, wenn $f(x)$ nach fallenden Potenzen von x entwickelt ist. Daher gibt die Anzahl der Zeichenwechsel in der Reihe der Koeffizienten eine obere Grenze für die positiven Wurzeln, hinter welcher die Anzahl der positiven Wurzeln nur um eine grade Zahl zurückbleiben kann. So sieht man z. B. aus den Koeffizienten der Funktion 5. Grades S. 87

$$7x^5 - 5.47x^3 + 3.33x^2 + 1.72x - 0.15,$$

daß sie höchstens drei und mindestens eine positive Wurzel hat. Verwandelt man x in $-x$, so erhält man auf dieselbe Weise eine obere Grenze für die negativen Wurzeln. Die Reihe der Koeffizienten gibt dann 2 Zeichenwechsel. Es existieren daher entweder 2 oder gar keine negativen Wurzeln. Die Tabelle S. 90 läßt erkennen, daß mindestens eine Wurzel zwischen -0.4 und -0.6 und eine zwischen -0.8 und -1.0 liegt. Da es nur zwei negative Wurzeln gibt, so liegt in jedem dieser Intervalle eine und nur eine Wurzel. Von der Kolonne für $x = +0.2$ zu der für $x = 0$ geht ein Zeichenwechsel verloren. Wir vermuten daher, daß nicht mehr als eine Wurzel in dem Intervall liegt. Der Schluß ist aber nicht sicher, weil möglicherweise der Wert von h (die Tabelle ist mit $h = -0.2$ berechnet) nicht klein genug ist.

Wir berechnen daher für $x = 0.2$ die Reihe der Ableitungen:

$$\begin{array}{lllllll}
\frac{f^{(5)}(0.2)}{5!} = 7 & 0 & -5.47 & +3.33 & +1.72 & -0.15 & \\
 & 1.4 & +0.28 & -1.038 & +0.46 & +0.44 & \\
\hline
 & 1.4 & -5.19 & +2.292 & +2.18 & +0.29 & = f(0.2) \\
 & 1.4 & +0.56 & -0.926 & +0.27 & & \\
\hline
 & 2.8 & -4.63 & +1.366 & +2.45 & = f'(0.2) & \\
 & 1.4 & +0.84 & -0.758 & & & \\
\hline
 & 4.2 & -3.79 & +0.61 & = \frac{f''(0.2)}{2!} & & \\
 & 1.4 & +1.12 & & & & \\
\hline
 & 5.6 & -2.67 & = \frac{f'''(0.2)}{3!} & & & \\
 & 1.4 & & & & & \\
\hline
 & 7.0 & = \frac{f^{(4)}(0.2)}{4!} & & & &
\end{array}$$

Es ergeben sich damit die folgenden Vorzeichen:

		Anzahl der Zeichenwechsel
$x = 0$:	$+ - + + -$	3
$x = +0.2$:	$+ + - + + +$	2
	Differenz:	1.

Es ist ein Zeichenwechsel verloren; daher liegt in dem Intervall nicht mehr als eine Wurzel. Die Berechnung der Werte von $f\,f'$ etc. braucht nur mit solcher Genauigkeit ausgeführt zu werden, daß man das Vorzeichen der Größen erkennen kann. Im allgemeinen wird die Genauigkeit des Rechenschiebers vollkommen ausreichen.

Von der Kolonne für $x = 0.6$ zur Kolonne für $x = 0.4$ sind zwei Zeichenwechsel verloren. Wenn h klein genug ist, muß dasselbe für die Reihe der Ableitungen gelten. Es ergibt sich nun:

$$\begin{array}{lllllll}
\frac{f^{5}(0.4)}{5!} = +7 & 0 & -5.47 & +3.33 & +1.72 & -0.15 & \\
 & +\ 2.8 & +1.12 & -1.74 & +0.64 & +0.94 & \\
\hline
 & +\ 2.8 & -4.35 & +1.59 & +2.36 & +0.79 & = f(0.4) \\
 & +\ 2.8 & +2.24 & -0.84 & +0.30 & & \\
\hline
 & +\ 5.6 & -2.11 & +0.75 & +2.66 & = f'(0.4) & \\
 & +\ 2.8 & +2.36 & +0.10 & & & \\
\hline
 & +\ 8.4 & +0.25 & +0.85 & = \frac{f''(0.4)}{2!} & & \\
 & +\ 2.8 & +4.47 & & & & \\
\hline
 & +\ 11.2 & +4.72 & = \frac{f'''(0.4)}{3!} & & & \\
 & +\ 2.8 & & & & & \\
\hline
 & +\ 14.0 & = \frac{f^{4}(0.4)}{4!} & & & &
\end{array}$$

Es zeigt sich, daß schon für $x = +0.4$ in der Reihe der Ableitungen keine Zeichenwechsel vorhanden sind. Es gibt folglich keine Wurzeln zwischen $x = +0.4$ und $x = +\infty$. Dagegen fanden wir oben für $x = +0.2$ in der Reihe der Ableitungen zwei Zeichenwechel. Es könnten also zwischen $x = +0.2$ und $x = +0.4$ zwei Wurzeln liegen. Man kann sich aber sogleich überzeugen, daß keine Wurzeln in dem Intervall liegen. Denn da $f^{(5)}$ positiv ist, so nimmt $\frac{f^{(4)}}{4!}$ mit wachsendem x zu, und da die Werte für $x = +0.2$ und $x = +0.4$ positiv sind, so ist $f^{(4)}$ in dem ganzen Intervall positiv. Folglich wächst $\frac{f^{(3)}}{3!}$ mit wachsendem x von -2.67 bis $+4.72$. Daraus ergibt sich, daß $f''(x)$ zunächst abnimmt und dann wieder zunimmt. Da aber die Abnahme nicht stärker sein kann als $-2.67 \times 3!$ auf die Einheit der Zunahme von x, und also auf eine Zunahme von 0.2 nicht mehr als $-2.67 \times 3! \times 0.2 = -3.2$, so kann f'' in dem Intervall, wenn es überhaupt negativ wird, nicht kleiner sein als $+0.61 \times 2! - 3.2 = -2.0$ und f' kann mithin mit wachsendem x nicht stärker abnehmen als $-2.0 \times 0.2 = -0.4$, wenn es überhaupt abnimmt. Somit bleibt f', da es für $x = 0.2$ den Wert $+2.45$ hat, in dem ganzen Intervall positiv, und $f(x)$ muß infolgedessen mit wachsendem x von $+0.29$ bis $+0.79$ wachsen und kann daher nicht verschwinden.

Die Gleichung hat daher drei und nicht mehr als drei reelle Wurzeln.

---

§ 17. Die Berechnung der reellen Wurzeln.

Die genauere Berechnung der reellen Wurzeln geschieht ebenfalls zweckmäßig mit Benutzung des Schemas, nach dem die Reihe der Ableitungen gefunden wird.

Beispiel. Es soll die Wurzel zwischen $x + 0.2$ und $x = 0$ genauer berechnet werden.

1. Näherungswert $x = 0.1$.

Man berechne zunächst $f(0.1)$ und $f'(0.1)$.

$$\begin{array}{rrrrrrl}
+7 & 0 & -5.47 & +3.33 & +1.72 & -0.15 & \\
 & +0.7 & +0.07 & -0.54 & +0.279 & +0.1999 & \\
\hline
 & 0.7 & -5.40 & +2.79 & +1.999 & +0.0499 & = f(0.1) \\
 & 0.7 & +0.14 & -0.526 & +0.2264 & & \\
\hline
 & 1.4 & -5.26 & +2.264 & +2.2254 & & = f'(0.1).
\end{array}$$

Setzt man die Wurzel gleich $0.1 + u$ und vernachlässigt die Glieder zweiter Ordnung in u, so ergibt sich für u die Gleichung

$$0.0499 + 2.2254\,u = 0,$$

d. i.

$$u = -0.022,$$

also für die Wurzel

$$x = +0.078.$$

Dies ist ein neuer Näherungswert, den man nun in derselben Weise behandeln kann:

$$\begin{array}{rrrrrl}
+7 & 0 & -5.47 & +3.33 & +1.72 & -0.15 \\
 & +0.55 & 0.04 & -0.42 & +0.227 & +0.1519 \\
\hline
 & +0.55 & -5.43 & +2.91 & +1.947 & +0.0019 = f\,(0.078) \\
 & & +0.55 & +0.86 & -0.36 & +0.199 \\
\hline
 & & 1.10 & -4.57 & +2.55 & +2.146 = f'\,(0.078).
\end{array}$$

Das gibt die neue Verbesserung

$$-\frac{f}{f'} = -0.0009$$

und den Wurzelwert $x = +0.0771$.

Da man sieht, daß f' in dem Intervall vom Näherungswert bis zur Wurzel seinen Wert in den ersten beiden Stellen 2.1 kaum mehr ändert, so ist die Verbesserung $-\frac{f}{f'}$ auch auf weniger als $\frac{1}{20}$ ihres Betrages richtig, und die Wurzel $+0.0771$ ist auf weniger als eine halbe Einheit der letzten Stelle genau.

Will man die Wurzel genauer berechnen, so kann man entweder in derselben Weise fortfahren, wobei dann aber mit mehr Stellen als bisher gerechnet werden müßte, oder man kann von vornherein die Rechnung in einer etwas andern Weise durchführen.

Man kann nämlich gleich mit dem ersten Näherungswert 0.1 nicht nur $f\,(0.1)$ und $f'\,(0.1)$, sondern auch die Werte der übrigen Ableitungen ausrechnen.

$$\begin{array}{llll}
1.4 & -5.26 & +2.264 & +2.2254 = f'\,(0.1) \\
0.7 & +0.21 & -0.505 & \\
\hline
2.1 & -5.05 & +1.759 = \dfrac{f''\,(0.1)}{2!} & \\
0.7 & +0.28 & & \\
\hline
2.8 & -4.77 = \dfrac{f'''\,(0.1)}{3!} & & \\
0.7 & & & \\
\hline
3.5 = \dfrac{f^{(4)}\,(0.1)}{4!}. & & &
\end{array}$$

Setzt man die Wurzel gleich $0.1 + u$, so ist u eine Wurzel der Gleichung

$$7\,u^5 + 3.5\,u^4 - 4.77\,u^3 + 1.759\,u^2 + 2.2254\,u + 0.0499 = 0.$$

Man rechnet nun mit dieser Gleichung weiter. Wenn man keine rechnerischen Hilfsmittel benutzt, so geht man jedesmal nur um eine Ziffer weiter und setzt z. B.

$$u = -0.02 + h$$

7	+ 3.5	− 4.77	+ 1.759	+ 2.2254	+ 0.0499
	− 0.14	− 0.067	+ 0.0967	− 0.037114	− 0.04376572
	+ 3.36	− 4.837	+ 1.8557	+ 2.188286	+ 0.00613428
	− 0.14	− 0.064	+ 0.0980	− 0.039074	
	+ 3.22	− 4.901	+ 1.9537	+ 2.149212	
	− 0.14	− 0.062	+ 0.0973		
	+ 3.08	− 4.963	+ 2.0510		
	− 0.14	− 0.059			
	+ 2.94	− 5.022			
	− 0.14				
	+ 2.80				

Mithin

$$7\,h^5 + 2.80\,h^4 - 5.022\,h^3 + 2.0510\,h^2 + 2.149212\,h + 0.00613428 = 0.$$

Die letzten beiden Glieder geben dann als nächsten Schritt

$$h = -0.003 + k.$$

Man braucht nun bei den ersten Koeffizienten nicht mehr alle Stellen aufzuführen, weil eine Vernachlässigung in den ersten Koeffizienten für die letzten Koeffizienten nur eine viel kleinere Vernachlässigung nach sich zieht.

7	+ 2.80	− 5.022	+ 2.0510	+ 2.149212	+ 0.00613428
	− 0.02	− 0.008	+ 0.0151	− 0.006198	− 0.00642904
	+ 2.78	− 5.030	+ 2.0661	+ 2.143014	− 0.00029476
	− 0.02	− 0.008	+ 0.0151	− 0.006244	
	+ 2.76	− 5.038	+ 2.0812	+ 2.136770	
	− 0.02	− 0.008	+ 0.0151		
	+ 2.74	− 5.046	+ 2.0963		
	− 0.02	− 0.008			
	2.72	− 5.054			
	− 0.02				
	+ 2.70.				

Aus den letzten beiden Gliedern ergibt sich wieder die folgende Verbesserung. Man kann nun aber auch gleich mehr Stellen der Wurzel finden, indem man bemerkt, daß der vorletzte Koeffizient bis etwa zur dritten Dezimale hin durch die folgenden Schritte nicht mehr geändert wird. Man kann daher die Division des letzten Koeffizienten durch den vorletzten gleich weiter ausführen und erhält den Zuwachs, der an dem so weit gefundenen Näherungswert der Wurzel anzubringen ist bis auf einen Fehler von weniger als $\frac{1}{2000}$.

$$\begin{array}{r|r|l} 2.1368 & 0.00029476 & 0.0001379 \\ & 21368 & \\ \hline & 8108 & \\ & 6410 & \\ \hline & 1698 & \\ & 1496 & \\ \hline & 202 & \\ & 192. & \end{array}$$

Die Wurzel ist also

$$\begin{array}{r} 0.1 \\ -0.02 \\ -0.003 \\ +0.0001379 \\ \hline +0.0771379. \end{array}$$

Man kann auch, anstatt

$$h = -0.003 + k$$

einzuführen und die Entwicklung nach Potenzen von k vorzunehmen, durch das oben besprochene Iterationsverfahren den Wert von h mit der gewünschten Genauigkeit ermitteln, indem man die Gleichung für h auf die Form bringt:

$$h = -\frac{0.00613428}{2.149212 + 2.0510\,h - 5.022\,h^2 + 2.8\,h^3 + 7\,h^4}.$$

Für kleine Werte von h ist die rechte Seite nur schwach von h abhängig. Liegt z. B. h zwischen 0 und -0.003, so liegt der Nenner der rechten Seite zwischen 2.1493 und 2.1430 und daher liegt h zwischen

$$\frac{-0.00613428}{2.1493} \quad \text{und} \quad \frac{-0.00613428}{2.1430}$$

oder zwischen

$$-0.002854 \text{ und } -0.002863.$$

Hiermit können wir nun den Nenner der rechten Seite viel genauer ermitteln. Wir finden ihn, indem wir $h = -0.00286$ einsetzen, bis auf etwa eine Einheit der 5ten Dezimale genau gleich

$$2.14330$$

und somit

$$h = -\frac{0.00613428}{2.14330}$$

genau bis auf etwa 10^{-5} seines Betrages.

Zweites Beispiel:

$$f(x) = 21\,x^{13} - 53\,x^7 + 65\,x^5 + 312\,x^2 - 74 = 0.$$

Die Reihe der Koeffizienten gibt 3 Zeichenwechsel. Daher hat die Gleichung entweder drei oder eine positive Wurzel. Verwandelt man x in $-x$, so ergeben sich 4 Zeichenwechsel; es gibt daher entweder 4 oder 2 oder gar keine negativen Wurzeln.

Die Entwicklung nach Potenzen von $x - 1$ werde in der oben beschriebenen Weise begonnen:

$$\begin{array}{rrrrrrrrrrrrrr}
21 & 0 & 0 & 0 & 0 & 0 & -53 & 0 & +65 & 0 & 0 & +312 & 0 & -74 \\
 & +21 & +21 & +21 & +21 & +21 & +21 & -32 & -32 & +33 & +33 & +33 & +345 & +345 \\
\hline
 & +21 & +21 & +21 & +21 & +21 & -32 & -32 & +33 & +33 & +33 & +345 & +345 & +271 \\
 & +21 & +42 & +63 & +84 & +105 & +126 & +94 & +62 & +95 & +128 & +161 & +506 & \\
\hline
 & +42 & +63 & +84 & +105 & +126 & +94 & +62 & +95 & +128 & +161 & +506 & +851 &
\end{array}$$

Da hier alle Zahlen der Horizontalreihe positiv sind, so braucht man nicht weiter zu rechnen, um zu erkennen, daß außer $f(1)$ und $f'(1)$ auch alle übrigen Koeffizienten der Entwicklung nach Potenzen von $x - 1$ positiv sind. Denn die weiteren Zahlen ergeben sich ja durch bloße Additionen von positiven Zahlen. Es gibt daher keine positiven Wurzeln, die größer als 1 sind. Man erkennt ferner sogleich, daß $f'(x)$ für $x = 0$ bis 1 nur positiv sein kann. Denn in der Summe

$$21 \times 13\,x^{12} - 53 \times 7\,x^6 + 65 \times 5\,x^4 + 312 \times 2\,x$$

wird für $x = 0$ bis 1 das negative Glied $-53 \times 7\,x^6$ schon von dem Gliede $312 \times 2\,x$ überwogen. $f(x)$ nimmt deshalb in diesem Intervall mit wachsendem x zu und kann mithin zwischen $x = 0$ und $x = 1$ nur eine Wurzel haben. Folglich besitzt die Gleichung eine und nur eine positive Wurzel. Es sei die Aufgabe, diese Wurzel zu berechnen.

Unter Vernachlässigung der Glieder höherer Ordnung setzen wir statt $f(x) = 0$ die Gleichung

$$312\,x^2 - 74 = 0$$

und erhalten daraus, indem wir uns auf 2 Dezimalen beschränken, als erste Näherung

$$x = 0.49.$$

Nun werden, um eine genauere Annäherung zu finden, die Werte $f(0{,}49)$ und $f'(0{,}49)$ berechnet. Dabei können bei den Koeffizienten der höheren Potenzen die Rechnungen bei einer geringen Anzahl von Stellen durchgeführt werden, weil die Werte von f und f' nur wenig davon beeinflußt werden. Es genügt bis zum Koeffizienten von x^2 die Genauigkeit des Rechenschiebers:

+ 21	0	0	0	0	0	— 53	0
	+ 10.3	+ 5.04	+ 2.47	+ 1.21	+ 0.59	+ 0.29	— 25.8
	+ 10.3	+ 5.04	+ 2.47	+ 1.21	+ 0.59	— 52.7	— 25.8
	+ 10.3	+ 10.1	+ 7.4	+ 4.85	+ 2.97	+ 1.74	— 25.0
	+ 20.6	15.1	+ 9.9	+ 6.06	+ 3.56	— 51.0	— 50.8

+ 65	0	0	+ 312	0	— 74
— 12.6	+ 25.7	+ 12.6	+ 6.18	+ 155.91	+ 76.396
+ 52.4	+ 25.7	+ 12.6	+ 318.18	+ 155.91	+ 2.396 = f (0.49)
— 24.9	+ 13.5	+ 19.2	+ 15.6	+ 163.6	
+ 27.5	+ 39.2	+ 31.8	+ 333.8	+ 319.5 = f' (0.49)	

Die Verbesserung $-\dfrac{f(0.49)}{f'(0.49)}$ ergibt sich gleich — 0.0075, so daß wir für die Wurzel erhalten:

0.4825.

Wird die Rechnung mit diesem Werte wiederholt, so ist für die höheren Koeffizienten etwa bis x^7 die Genauigkeit des Rechenschiebers immer noch ausreichend, falls man die Berechnung der Wurzel nicht sehr viel weiter treiben will.

+ 21	0	0	0	0	0	— 53	0
	+ 10.1	+ 4.88	+ 2.36	+ 1.14	+ 0.55	+ 0.27	— 25.44
	+ 10.1	+ 4.88	+ 2.36	+ 1.14	+ 0.55	— 52.73	— 25.44

+ 65	0	0	+ 312	0	— 74
— 12.27	+ 25.44	+ 12.27	+ 5.920	+ 153.396	+ 74.014
+ 52.73	+ 25.44	+ 12.27	+ 317.920	+ 153.396	+ 0.014

Wo die Genauigkeit des Rechenschiebers nicht mehr ausreicht, kann man für die Multiplikationen mit der vierziffrigen Zahl 4825 Rechentafeln mit Vorteil anwenden *). Da der Faktor 0.4825 immer derselbe bleibt, so fällt das zeitraubende Blättern fort.

Der Wert von f' ändert sich nur wenig. Wenn man nur die nächste Stelle der Wurzel noch haben will, so genügt es, den vorigen Wert zu nehmen. Damit erhält man die Verbesserung

*) z. B. Rechentafeln von Ludwig Zimmermann, große Ausgabe.

$$-0.00004$$

und damit für die Wurzel den Wert

$$0.48246.$$

Wollte man die Wurzel noch genauer finden, so würde es nötig sein, den Wert von $f(x)$ genauer als bisher zu berechnen.

§ 18. Graphisches Rechnen.

Die Berechnung einer ganzen Funktion nach der Methode, die auf S. 81 und 82 beschrieben wurde, kann auch ganz zweckmäßig auf graphischem Wege ausgeführt werden.

Um den Wert von

$$a_0 x^n + a_1 x^{n-1} + a_2 x^{n-2} + \cdots + a_{n-1} x + a_n$$

für $x = p$ zu finden, zeichnet man zunächst ein Dreieck, bei dem zwei Seiten die Längen 1 und p besitzen. Wird nun ein diesem Dreieck ähnliches konstruiert, bei dem die der Seite 1 entsprechende Seite die Länge a_0 hat, so hat die der Seite p entsprechende die Länge $a_0\,p$. Fügt man hierzu die Länge a_1, so hat man damit $b_1 = a_0\,p + a_1$. In derselben Weise findet man $b_2 = b_1\,p + a_2$ usw.

Die ähnlichen Dreiecke werden zweckmäßig rechtwinklig gewählt und auf Millimeterpapier in der folgenden Weise gezeichnet.

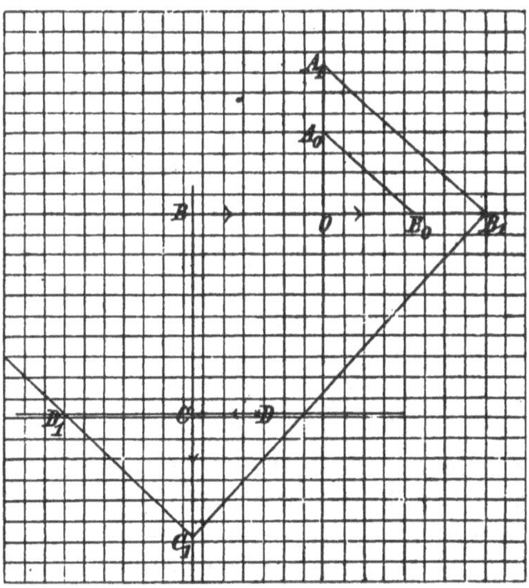

Fig 1.

Von einem Punkt O ausgehend trage man die Länge 1 nach einer Richtung und die Länge p senkrecht dazu ab: $O A_0 = 1$, $O B_0 = p$. Wir setzen p zunächst als positiv voraus. Jetzt werde die Länge a_0 in der Richtung $O A_0$ oder der entgegengesetzten, je nachdem a_0 positiv oder negativ ist, von O aus abgetragen: $O A_1 = a_0$. Zieht man nun $A_1 B_1$ parallel $A_0 B_0$, so wird $O B_1 = a_0 p$, wobei $O B_1$ positiv oder negativ zu rechnen ist, je nachdem B_1 auf derselben Seite von O liegt wie B_0 oder auf der entgegengesetzten Seite. Jetzt trage man von O aus die Länge $- a_1$ in der Richtung $O B_0$ oder der entgegengesetzten auf, je nachdem $- a_1$ positiv oder negativ ist: $O B = - a_1$, dann ist

$$B B_1 = a_0 p + a_1 = b_1.$$

Dabei ist $B B_1$ positiv oder negativ zu rechnen, je nachdem die Richtung B nach B_1 der Richtung O nach B_0 gleich oder entgegengesetzt ist.

Um nun $B B_1$ mit p zu multiplizieren, braucht man nur in B_1 eine Senkrechte auf $A_1 B_1$ zu errichten und so das rechtwinklige Dreieck $B_1 B C_1$ zu konstruieren. Das Dreieck $B_1 B C_1$ ist dem Dreieck $A_1 O B_1$ ähnlich und die Seiten $B B_1$ und $B C_1$ verhalten sich wie 1 zu p. Mithin ist

$$B C_1 = b_1 p.$$

Dabei ist $B C_1$ positiv oder negativ zu rechnen, je nachdem die Richtung von B nach C_1 zu der Richtung von O nach B_0 ebenso oder entgegengesetzt liegt, wie die Richtung von O nach B_0 zu der von O nach A_0. Um $b_1 p + a_2$ zu erhalten, trägt man wieder $- a_2$ von B aus ab; $B C = - a_2$ und zwar in der positiven oder negativen Richtung in dem eben definierten Sinne, je nachdem $- a_2$ positiv oder negativ ist. Dann ist $C C_1 = b_1 p + a_2 = b_2$, wobei wieder $C C_1$ positiv oder negativ zu rechnen ist, je nachdem die Richtung von C nach C_1 die positive oder die negative ist. So kann man fortfahren und aus $C C_1 = b_2$ in der analogen Weise $D D_1 = b_2 p + a_3$ finden usw. Dabei ist $C D = - a_3$ und die positive Richtung ist diejenige, welche zu der positiven Richtung auf der Geraden $B C C_1$ ebenso liegt wie die Richtung von O nach B_0 zu der von O nach A_0.

In der Fig. 1 ist z. B. der Wert der ganzen Funktion dritten Grades $1.85\, x^3 + 1.61\, x^2 - 2.44\, x + 0.79$ für $x = 1.08$ konstruiert. Die Zeichnung gibt $D D_1 = + 2.40$, was ein wenig zu groß ist.

Der Vorteil dieser Anordnung der ähnlichen Dreiecke besteht darin, daß, wenn man nun den Wert von p ändert, die Punkte A_0, A_1, B, C, D usw. liegen bleiben und nur B_0, B_1, C_1, D_1 usw. sich ändern. Es braucht z. B. bei einer ganzen Funktion dritten Grades nur die gebrochene Linie $A_1 B_1 C_1 D_1$ neu gezogen zu werden. Die Linie $A_0 B_0$ braucht man dabei zunächst noch gar nicht zu ziehen, wenn man den Wert von p finden will, für den $D_1 D$ verschwindet. Hat man die Lage der gebrochenen Linie

$A_1 B_1 C_1 D_1$ gefunden, bei der D_1 mit D zusammenfällt, so kann man nunmehr durch A_0 eine Parallele zu $A_1 B_1$ ziehen und damit p selbst konstruieren. Ist dabei $O A_0$ klein gegen $O A_1$, so tut man gut, die Parallele zu $A_1 B_1$ nicht durch A_0, sondern durch einen Punkt A' zu legen, der z. B. zehnmal soweit von O entfernt ist. Dann erhält man p im zehnfachen Maßstab. Wird p negativ, so fällt der Punkt B_0 auf die entgegengesetzte Seite von O; die positiven Richtungen, die in Fig. 1 durch Pfeile bezeichnet sind, bleiben dagegen dieselben wie vorher.

Bei einer Gleichung zweiten Grades muß $C C_1$ verschwinden. Hier haben wir es also nur mit der gebrochenen Linie $A_1 B_1 C_1$ zu tun. Damit C_1 mit C zusammenfalle, muß B_1 auf einem Kreise liegen, dessen Durchmesser $A_1 C$ ist. Man hat also nur nötig, um den Halbierungspunkt von $A_1 C$ mit dem Radius $\frac{1}{2} A_1 C$ einen Kreis zu schlagen, um die beiden Lagen von B_1 und damit die beiden Punkte B_0 zu konstruieren, welche die beiden Wurzeln der Gleichung darstellen.

Bei einer Gleichung dritten Grades soll D mit D_1 zusammenfallen. Nun bewegt sich, wenn B_1 die Gerade $B O$ durchläuft, der Punkt D_1 auf der Geraden $C D$. Die Geschwindigkeiten, mit denen sich B_1 und D_1 bewegen, verhalten sich wie a_0 zu $3 a_0 x^2 + 2 a_1 x + a_2$. Der Punkt D_1 wird daher seine Bewegung nur dann umkehren, wenn $3 a_0 x^2 + 2 a_1 x + a_2$ sein Zeichen wechselt. Die betreffenden Werte von x sind die Wurzeln der Gleichung zweiten Grades

$$3 a_0 x^2 + 2 a_1 x + a_2 = 0,$$

die man in der eben beschriebenen Weise konstruieren kann, vorausgesetzt, daß sie reell sind. Mit diesen beiden Werten von x findet man die beiden Punkte D_2, D_3 auf der Geraden $D C$, in denen die Bewegung von D_1 umkehrt. Durchläuft nun der Punkt B_1 die ganze unendliche Gerade $B O$ von $-\infty$ bis $+\infty$, so geht die Bewegung von D_1 in der folgenden Weise vor sich. D_1 kommt aus dem negativ Unendlichen und bewegt sich bis D_2, kehrt dann um bis D_3, kehrt hier abermals um und bewegt sich nach der andern Seite ins positiv Unendliche. Je nachdem nun D zwischen D_2 und D_3 liegt oder nicht, wird dieser Punkt dreimal oder nur einmal passiert. Je nachdem hat also die Gleichung dritten Grades drei Wurzeln oder nur eine. Wenn dagegen die Gleichung zweiten Grades $3 a_0 x^2 + 2 a_1 x + a_2 = 0$ keine reellen Wurzeln hat, so kehrt die Bewegung des Punktes D_1 nicht um, sondern beschreibt die ganze Gerade $C D$ in demselben Sinne. In dem Falle unserer Zeichnung (Fig. 2) z. B. liegt D eben außerhalb $D_2 D_3$. Die Gleichung hat daher nur eine Wurzel. Um sie zu finden, sucht man zwei Lagen von B_1 auf, für die die beiden Lagen von D_1 dem Punkte D von entgegengesetzten Seiten nahe kommen. Dann

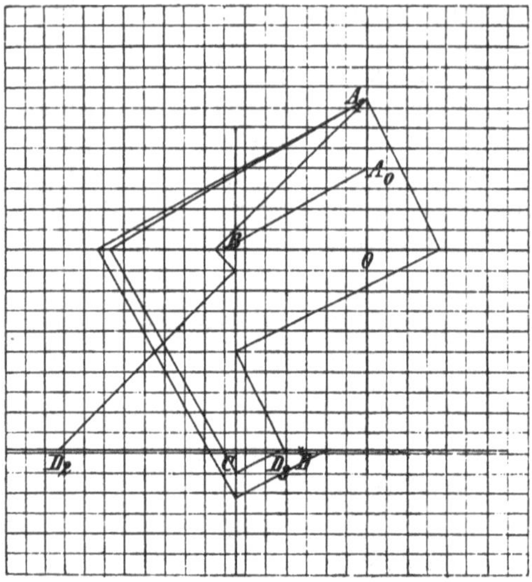

Fig. 2.

teilt man die kleine Strecke zwischen den beiden Lagen von B_1 nach dem Augenmaß in demselben Verhältnis, in dem D die kleine Strecke zwischen den beiden Lagern von D_1 teilt. Mit dem so gefundenen Punkt B_1 macht man die Konstruktion des zugehörigen Punktes D_1. Fällt er noch deutlich neben D, so ändert man B_1 ein wenig, so daß D_1 eben auf die andere Seite von D rückt, und teilt dann wieder die Strecke zwischen den beiden Lagen von B_1 nach dem Augenmaß in demselben Verhältnis, in dem D die Strecke zwischen den beiden Lagen von D_1 teilt. So findet man die gesuchte Lage von B_1 alsbald so genau, wie die Zeichnung es überhaupt zuläßt. Ist diese Genauigkeit nicht groß genug, so wird es im allgemeinen nicht lohnen, die Zeichnung im größeren Maßstab sorgfältiger zu wiederholen, sondern es wird besser sein, den gefundenen rohen Näherungswert auf die oben beschriebene Weise rechnerisch zu verbessern. Die Fig. 2 stellt die Gleichung

$$18.5\,x^3 + 16.1\,x^2 - 24.4\,x + 7.9 = 0$$

dar und gibt für die Wurzel den Näherungswert -1.75.

Zur Verbesserung dieses Wertes findet man mit dem Rechenschieber nach dem oben beschriebenen Schema:

$$\begin{array}{rrrr}
18.5 & +16.1 & -24.4 & +7.9 \\
 & -32.4 & +28.5 & -7.2 \\
\hline
 & -16.3 & +4.1 & +0.7 \\
 & -32.4 & +85.1 & \\
\hline
 & -48.7 & +89.2 &
\end{array}
\qquad \frac{-0.7}{89.2} = -0.008.$$

Die Wurzel ist also

$$-1.758.$$

Hier ist die letzte Stelle nicht mehr sicher, weil der Wert der Funktion $+0.7$ um eine halbe Einheit der ersten Dezimale und daher die Verbesserung -0.008 um mehr als eine halbe Einheit der letzten Dezimale fehlerhaft sein kann. Zur Probe möge mit dem Näherungswerte -1.758 die Rechnung noch einmal gemacht werden, wobei statt des Rechenschiebers eine Rechentafel angewendet wird.

$$\begin{array}{llll}
18.5 & +16.1 & -24.4 & +7.9 \\
 & -32.523 & +28.871634 & -7.86113 \\
\hline
 & -16.423 & +4.471634 & +0.03887 \\
 & -32.523 & +86.047068 & \\
\hline
 & -48.946 & +90.52 & \\
 & -32.523 & & \\
\hline
 & -81.469. & &
\end{array}$$

Die nächste Verbesserung würde der Gleichung

$$18.5\,u^3 - 81.469\,u^2 + 90.52\,u + 0.03887 = 0$$

zu genügen haben. Nimmt man $u = -0.0004$, so wird der Koeffizient 90.52 beim Weiterrechnen nur noch um weniger als $\frac{1}{2000}$ seines Betrages geändert. Man kann daher gleich die Division $-\frac{0.03887}{90.52}$ etwa auf $\frac{1}{2000}$ ausführen und erhält

$$u = -0.000429,$$

demnach als Wurzel der gegebenen Gleichung

$$-1.758429.$$

Als zweites Beispiel möge die oben auf anderem Wege behandelte Gleichung

$$7\,x^5 - 5.47\,x^3 + 3.33\,x^2 + 1.72\,x - 0.15 = 0$$

dienen (vgl. Fig. 3).

B fällt in diesem Falle mit 0 zusammen, weil der Koeffizient von x^4 Null ist. Die gebrochenen Linien selbst werden am besten mit Bleistift eingezeichnet, während die festen Linien, auf denen ihre Ecken liegen müssen, mit Tinte oder Tusche ausgezogen werden. Die verschiedenen Lagen des ersten Eckpunktes sind in der Figur in der Reihenfolge, in der sie liegen, mit 1, 2, 3, . . ., 16 bezeichnet. Die entsprechenden Punkte auf der Geraden $E\,F$ tragen dieselben Nummern. Diese liegen nun aber nicht in derselben Reihenfolge. Die Punkte 1, 2, 3 folgen von links nach rechts aufeinander, die Punkte 3, 4, 5, 6, 7, 8 dagegen von rechts nach links und die Punkte 8, 9, 10, 11, 12, 13, 14, 15, 16 wieder von links nach rechts. Der Punkt 1 auf der ersten Geraden ist so weit links gewählt, daß allen Punkten, die noch weiter links liegen, Punkte auf der zweiten Geraden entsprechen, die weiter nach links liegen als der Punkt 1 der zweiten Geraden. Man erkennt dies sogleich daran, daß die dem Punkt 1 entsprechende gebrochene Linie immer nur nach derselben Seite hin umbricht. Der letzte Punkt 16 der ersten Geraden ist so weit rechts gewählt, daß allen Punkten, die noch weiter rechts liegen, Punkte der zweiten Geraden entsprechen, die weiter rechts liegen als der Punkt 16 der zweiten Geraden. Man erkennt dies wieder daran, daß die entsprechende gebrochene Linie nur nach einer Seite hin umbricht. Zugleich sind die Punkte 1 und 16 der ersten Geraden so weit auseinandergerückt, daß die entsprechenden Punkte 1 und 16 der zweiten Geraden den Punkt F zwischen sich haben. Nun hat man zu untersuchen, wo bei der Bewegung auf der ersten Geraden der entsprechende Punkt der zweiten Geraden mit F zusammenfällt. Es geschieht dreimal, erstens nahe bei 2, zweitens nahe bei 6 und drittens zwischen 9 und 10. Man erhält so auf der ersten Geraden drei Punkte, deren Abszissen von 0 aus gerechnet den drei Wurzeln der Gleichung proportional sind. Die Wurzeln selbst sind die Verhältnisse dieser Abszissen zu $O\,A$. Man konstruiert die Werte der Wurzeln selbst, indem man die Punkte mit A verbindet und durch A_0, wo $O\,A_0 = 10$ ist, Parallelen zu den Verbindungslinien zieht. In diesem Falle ist es bequemer, die Abszissen durch $O\,A = 7$ zu dividieren. Die Abszissen der Punkte 2 und 6 auf der ersten Geraden sind -7 und -3. Der zwischen 9 und 10 zu interpolierende Punkt hat etwa die Abszisse $+0.7$. Für die Wurzeln erhält man demnach:

$$x_1 = -1.0$$
$$x_2 = -0.43$$
$$x_3 = +0.1.$$

Die dritte Wurzel haben wir schon oben genauer berechnet zu $+0.0771379$. Um auch die andern Wurzeln genauer zu finden, würde man das oben beschriebene Verfahren von Newton anwenden können.

1. Näherung: -1.0.

$$\begin{array}{rrrrrr}
+7 & 0 & -5.47 & +3.33 & +1.72 & -0.15 \\
 & -7 & +7 & -1.53 & -1.80 & +0.08 \\
\hline
 & -7 & +1.53 & +1.80 & -0.08 & -0.07 \\
 & -7 & +14 & -15.53 & +13.73 & \\
\hline
 & -14 & +15.53 & -13.73 & +13.65 &
\end{array}$$

$$\text{Korrektur: } + \frac{0.07}{13.65} = 0.0051.$$

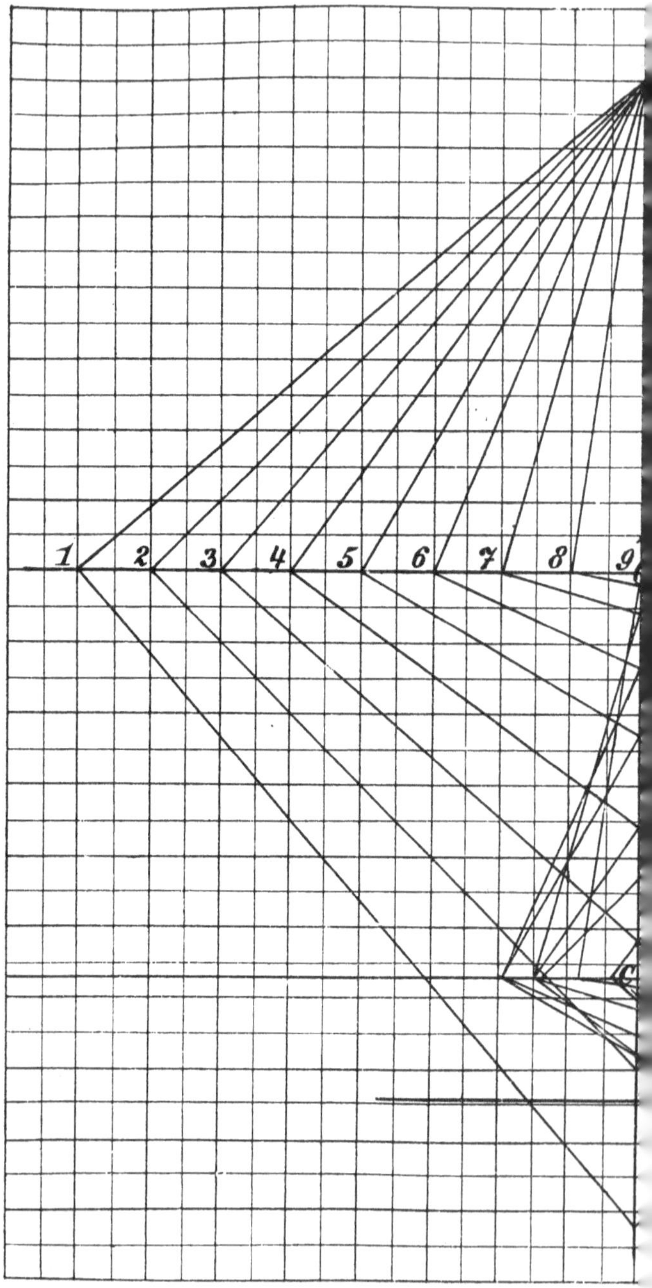

1
2
3
4
5
6
7
8
9

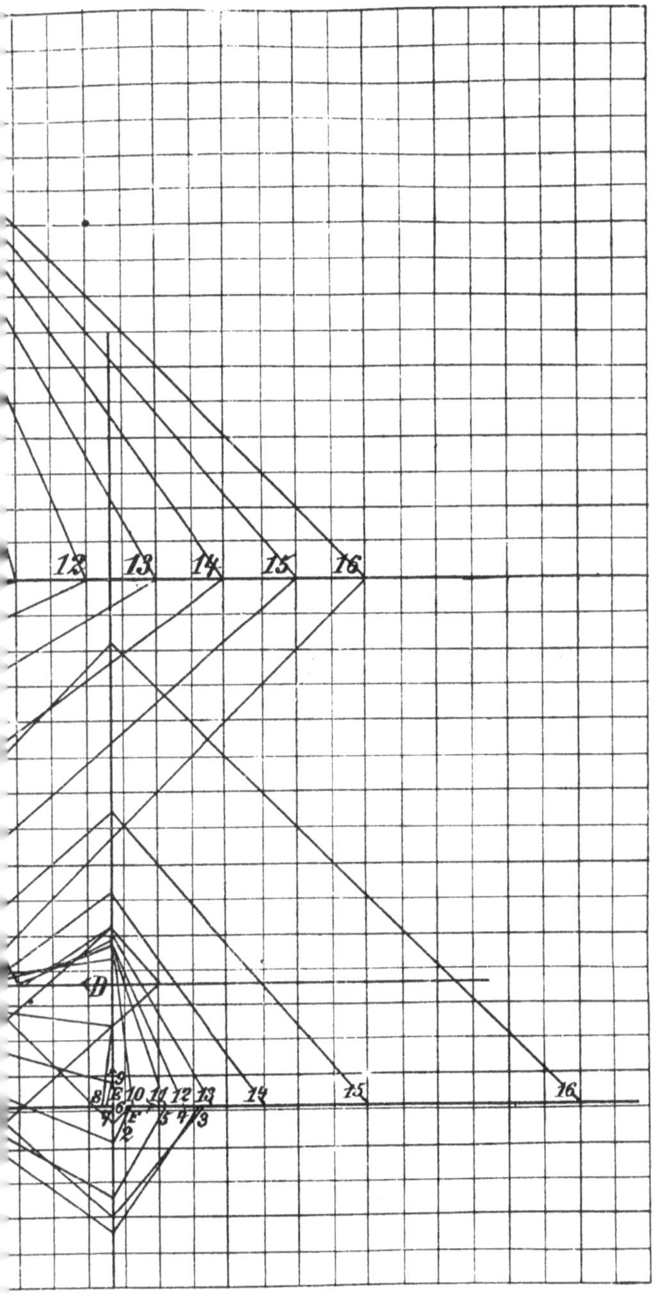

12
13
14
15
16
D
9
8
E
10
11
12
13
14
15
16
7
6
F
5
4
3
2

Hier ist es wegen des runden Wertes der Näherung vorteilhaft, die Entwicklung nach Potenzen von $x + 1$ zu machen und demnach fortzufahren:

$$\begin{array}{rrrr}
-14 & +15.53 & -13.73 & +13.65 \\
-7 & +21 & -36.53 & \\
\hline
-21 & +36.53 & -50.26 & \\
-7 & +28 & & \\
\hline
-28 & +64.53 & & \\
-7 & & & \\
\hline
-35. & & &
\end{array}$$

Wir haben dann, wenn $x + 1 = u$ geschrieben wird, für u die Gleichung:

$$7\,u^5 - 35\,u^4 + 64.53\,u^3 - 50.26\,u^2 + 13.65\,u - 0.07 = 0.$$

1. Näherung: $u = +0.0051$.

Mit der Rechentafel erhält man:

$$\begin{array}{rrrrrr}
7 & -35 & +64.53 & -50.26 & +13.65 & -0.07 \\
 & +0.0357 & -0.1783 & +0.3282 & -0.2546 & +0.068316 \\
\hline
 & -34.9643 & +64.3517 & -49.9318 & +13.3954 & -0.001682 \\
 & +0.036 & -0.178 & +0.328 & -0.253 & \\
\hline
 & -34.928 & +64.174 & -49.60 & +13.14. &
\end{array}$$

Die vorletzte Reihe ist genau genug mit dem Rechenschieber zu erhalten.

$$\text{Korrektur: } + \frac{0.001682}{13.14} = 0.000128.$$

Mithin ist die Wurzel: $x_1 = -0.994772$.

Um auch die zweite Wurzel zu finden, setzen wir:

1. Näherung: -0.4

und rechnen die Entwicklung nach Potenzen von $x + 0.4$ mit allen Stellen aus.

$$\begin{array}{rrrrrr}
7 & 0 & -5.47 & +3.33 & +1.72 & -0.15 \\
 & -2.8 & +1.12 & +1.74 & -2.028 & +0.1232 \\
\hline
 & -2.8 & -4.35 & +5.07 & -0.308 & -0.0268 \\
 & -2.8 & +2.24 & +0.844 & -2.3656 & \\
\hline
 & -5.6 & -2.11 & +5.914 & -2.6736 & \\
 & -2.8 & +3.36 & -0.500 & & \\
\hline
 & -8.4 & +1.25 & +5.414 & & \\
 & -2.8 & +4.48 & & & \\
\hline
 & -11.2 & +5.73 & & & \\
 & -2.8 & & & & \\
\hline
 & -14.0. & & & &
\end{array}$$

Schreibt man $x + 0.4 = u$, so genügt also u der Gleichung

$$7\,u^5 - 14\,u^4 + 5.73\,u^3 + 5.414\,u^2 - 2.6736\,u - 0.0268 = 0.$$

$$\text{Korrektur:}\; -\frac{0.0268}{2.674} = -0.010.$$

Näherung: $u = -0.01$.

$$\begin{array}{rrrrrr}
7 & -14 & +5.73 & +5.414 & -2.6736 & -0.0268 \\
 & -0.07 & +0.1407 & -0.05871 & -0.05355 & +0.0272715 \\
\hline
 & -14.07 & +5.8707 & +5.35529 & -2.72715 & +0.0004715 \\
 & -0.07 & +0.1414 & -0.06012 & -0.05295 & \\
\hline
 & -14.14 & +6.0121 & +5.29517 & -2.7801. &
\end{array}$$

Korrektur: $+0.00017$.

Demnach die Wurzel:

$$x_2 = -0.40983.$$

Das beschriebene graphische Verfahren läßt sich nur auf Gleichungen anwenden, in denen eine ganze rationale Funktion gleich Null gesetzt ist. Wenn die Gleichung nicht auf die Form einer ganzen rationalen Funktion gebracht werden kann, oder wenn die Gleichung sich in gebrochener Form erheblich einfacher schreiben läßt, so kann man die graphische Lösung auf andere Weise bewirken. Man kann z. B. die Gleichung in die Form bringen:

$$f(x) = \varphi(x).$$

Wenn nun die beiden Funktionen $f(x)$ und $\varphi(x)$ für sich in ihrem Verlauf bekannt sind oder bequem berechnet werden können, so kann man jede derselben als Ordinate einer Kurve darstellen. Dann liefern die Abszissen der Schnittpunkte der beiden Kurven die Wurzeln der Gleichung.

Ist z. B. die Gleichung

$$x = \sin(x\pi)$$

gegeben, so zeichne man auf quadriertem Papier die gerade Linie $y = x$ und die Sinuskurve $y = \sin(x\pi)$. Schon eine ganz rohe Zeichnung läßt erkennen, daß die Gleichung außer $x = 0$ zwei und nur zwei Wurzeln in der Nähe von $x = +0.7$ und $x = -0.7$ hat.

Man kann nun in größerem Maßstabe die Zeichnung wiederholen, wobei man die Punkte nur in der Nähe von $x = 0.7$ zu konstruieren braucht. Es ist aber im allgemeinen zweckmäßiger, die genauere Bestimmung der Wurzel durch Rechnung zu machen.

Mit Hilfe von Sinustafeln findet man:

x	$\sin x\pi$	Diff.
0.7	0.80902	-0.10902
0.72	0.77051	-0.05051
0.74	0.72897	$+0.01103$

Die Änderung der Differenz $x - \sin(x\pi)$ in dem Intervall 0.7 bis 0.72 ist bis auf etwa 5 % ihres Betrages gleich ihrer Änderung in dem Intervall 0.72 bis 0.74. Soweit etwa können wir daher die Änderung von $x - \sin(x\pi)$ zwischen 0.72 und 0.74 derjenigen von x proportional setzen. Unter dieser Voraussetzung finden wir für die Wurzel:

$$0.74 - 0.02 \cdot \frac{110}{615} = 0.7364.$$

Genügt diese Genauigkeit noch nicht, so rechnen wir mit diesem und einem benachbarten Werte noch einmal:

x	$\sin x\pi$	Diff.
0.7364	0.736639	— 0.000239
0.7365	0.736451	+ 0.000049

woraus man erhält

$$x = 0.7365 - 0.0001 \cdot \frac{49}{288} = 0.736483.$$

Die andere Wurzel ist $x = -0.736483$, abgesehen von dem Wert $x = 0$.

Statt der Gleichung

$$f(x) = \varphi(x)$$

kann man auch beim graphischen Auftragen sowohl wie bei der genaueren Berechnung die Form

$$\log f(x) = \log \varphi(x),$$

oder man kann irgendeine andere Funktion des Wertes $f(x)$ gleich derselben Funktion des Wertes $\varphi(x)$ setzen. Dabei wird man sich von dem Gesichtspunkt leiten lassen, die Berechnung der linken und rechten Seite möglichst zu erleichtern. Wenn z. B. die Werte von $f(x)$ und $\varphi(x)$ doch mit Logarithmen berechnet werden, so tut man besser, bei den Logarithmen von $f(x)$ und $\varphi(x)$ stehenzubleiben und sich das Aufschlagen der Numeri zu ersparen.

Wenn z. B. bei der Lösung der Gleichung $x - \sin(\pi x) = 0$ nur logarithmisch trigonometrische Tafeln zur Verfügung stehen, so schreibt man die Gleichung in der Form

$$\log x = \log \sin \pi x.$$

x	$\log x$	$\log \sin \pi x$	Differenz
0.7364	9.867114	9.867269	— 0.000155
0.7365	9.867173	9.867144	+ 0.000029

Daraus durch Interpolation

$$x = 0.7365 - 0.0001 \cdot \frac{29}{184} = 0.736484.$$

---

§ 19. Anwendung der Additionslogarithmen.

Besteht die Gleichung, deren Wurzel man sucht, aus einer Summe von positiven und negativen Gliedern, so ist es mitunter zweckmäßig, die positiven Glieder und negativen Glieder auf verschiedene Seiten zu bringen, so daß in

$$f(x) = \varphi(x)$$

$f(x)$ und $\varphi(x)$ Summen von positiven Gliedern bedeuten. Indem man nun auf beiden Seiten die Logarithmen nimmt:

$$\log f(x) = \log \varphi(x),$$

führt man die Berechnung der beiden Seiten mit Hilfe von Tafeln der Additionslogarithmen in folgender Weise aus.

Es sei $f(x) = P + P_1 + \cdots + P_k$ und es seien die Logarithmen von $P, P_1 \ldots P_k$ gefunden, so schreibe man

$$\begin{aligned} s_1 &= P + P_1 \\ s_2 &= s_1 + P_2 \\ s_3 &= s_2 + P_3 \\ &\vdots \\ s_k &= s_{k-1} + P_k, \end{aligned}$$

so daß also $s_k = P + P_1 + \cdots + P_k$ wird.

Mit Hilfe der Additionslogarithmen findet man aus $\log \frac{P}{P_1}$ den Wert $\log\left(\frac{P}{P_1} + 1\right)$, d. i. $\log \frac{s_1}{P_1}$. Wird dazu $\log \frac{P_1}{P_2}$ addiert, so ergibt sich $\log \frac{s_1}{P_2}$. Aus $\log \frac{s_1}{P_2}$ findet man durch die Tafel der Additionslogarithmen $\log\left(\frac{s_1}{P_2} + 1\right)$, d. i. $\log \frac{s_2}{P_2}$. Wird dazu $\log \frac{P_2}{P_3}$ addiert, so ergibt sich $\log \frac{s_2}{P_3}$. Aus $\log \frac{s_2}{P_3}$ findet man durch die Tafel der Additionslogarithmen $\log\left(\frac{s_2}{P_3} + 1\right)$, d. i. $\log \frac{s_3}{P_3}$ usf. Die Rechnung läßt sich in folgendes Schema bringen. Es sei

$$A = \log \frac{P}{P_1} \qquad B = \log\left(\frac{P}{P_1} + 1\right)$$
$$A_1 = \log \frac{s_1}{P_2} \qquad B_1 = \log\left(\frac{s_1}{P_2} + 1\right)$$
$$A_2 = \log \frac{s_2}{P_3} \qquad B_2 = \log\left(\frac{s_2}{P_3} + 1\right)$$
$$A_{k-1} = \log \frac{s_{k-1}}{P_k} \quad B_{k-1} = \log\left(\frac{s_{k-1}}{P_k} + 1\right),$$

so daß also mit Hilfe der Tafel der Additionslogarithmen der Wert von B aus dem von A und ebenso B_1 aus A_1, B_2 aus A_2 usw. gefunden wird, so hat man

$$\begin{aligned} A &= \log P - \log P_1 \\ A_1 &= B + \log P_1 - \log P_2 \\ A_2 &= B_1 + \log P_2 - \log P_3 \\ &\vdots \\ A_{k-1} &= B_{k-2} + \log P_{k-1} - \log P_k \end{aligned}$$

und endlich

$$\log f(x) = B_{k-1} + \log P_k.$$

In ähnlicher Weise findet man $\log \varphi(x)$.

Sei insbesondere

$$\begin{aligned} f(x) &= a\,x^n + a_1\,x^{n_1} + \cdots + a_k\,x^{n_k} \\ \varphi(x) &= \bar{a}\,x^{\bar{n}} + \bar{a}_1\,x^{\bar{n}_1} + \cdots + \bar{a}_l\,x^{\bar{n}_l} \end{aligned}$$

und $n > n_1 > \cdots > n_k$, $\bar{n} > \bar{n}_1 > \cdots > \bar{n}_l$. Dann ist $P_\alpha = a_\alpha\,x^{n_\alpha}$ und daher:

$$\log P_\alpha - \log P_{\alpha+1} = (n_\alpha - n_{\alpha+1}) \log x + \log a_\alpha - \log a_{\alpha+1}.$$

Schreiben wir zur Abkürzung

$$\begin{aligned} c &= \log a - \log a_1 \\ c_1 &= \log a_1 - \log a_2 \\ &\vdots \\ c_{k-1} &= \log a_{k-1} - \log a_k, \end{aligned}$$

so nimmt das Schema zur Berechnung von $\log f(x)$ die Gestalt an:

$$\begin{aligned} A &= (n - n_1) \log (x) + c \\ A_1 &= B + (n_1 - n_2) \log (x) + c_1 \\ &\vdots \\ A_{k-1} &= B_{k-2} + (n_{k-1} - n_k) \log x + c_{k-1}, \\ \log f(x) &= B_{k-1} + n_k \log x + \log a_k. \end{aligned}$$

Eine analoge Rechnung liefert:

$$\log \varphi(x) = \bar{B}_{l-1} + \bar{n}_l \log x + \log \bar{a}_l,$$

so daß die Gleichung $\log f(x) - \log \varphi(x)$ in der Form geschrieben werden kann:

$$B_{k-1} - \bar{B}_{l-1} + (n_k - \bar{n}_l) \log x + \log a_k - \log \bar{a}_l = 0.$$

Es sei z. B. die positive Wurzel der Gleichung

$$21\, x^{13} - 53\, x^7 + 65\, x^5 + 312\, x^2 - 74 = 0$$

zu berechnen. Wir schreiben sie in der Form

$$\log(21\, x^{13} + 65\, x^5 + 312\, x^2) = \log(53\, x^7 + 74)$$

$$\begin{array}{lll}
\log 21 = 1.322219 & c = 9.509306 - 10 & n - n_1 = 8 \\
\log 65 = 1.812913 & c_1 = 9.318758 - 10 & n_1 - n_2 = 3 \\
\log 312 = 2.494155 & & \\
\log 53 = 1.724276 & \bar{c} = 9.855044 - 10 & \bar{n} - \bar{n}_1 = 7 \\
\log 74 = 1.869232 & &
\end{array}$$

$$\log a_k - \log \bar{a}_l = 0.624923 \qquad n_k - \bar{n}_l = 2.$$

Die beiden Schemata zur Berechnung von $\log f(x)$ und $\log \varphi(x)$ werden hier also

$$\begin{array}{l|l}
A = 8 \log x + 9.509306 - 10 & \bar{A} = 7 \log x \\
A_1 = B + 3 \log x + 9.318758 - 10 & \quad + 9.855044 - 10
\end{array}$$

und die Endgleichung wird

$$B_1 - \bar{B} + 2 \log x + 0.624923 = 0.$$

Wir fanden oben für x den Wert 0.48246. Es soll hier die Probe gemacht werden, indem wir die linke Seite für $x = 0.48245$ und für $x = 0.48246$ ausrechnen Die Rechnungen werden für beide Werte gleichzeitig gemacht; dabei fällt für den zweiten Wert alles Blättern fort.

$\log x$:	9.683452	3461			
$8 \log x$:	7.467616	7688	$7 \log x$:	7.784164	4227
	9.509306	9306		9.855044	5044
A :	6.976922	6994	$\bar{A}$:	7.639208	9271
B :	0.000412	0412	$\bar{B}$:	0.001888	1888
$3 \log x$:	9.050356	0383			
	9.318758	8758			
A_1 :	8.369526	9553			
B_1 :	0.010052	0053			

$$\begin{array}{rll} B_1 - \bar{B}: & 0.008164 & 8165 \\ 2\log x: & 9.366904 & 6922 \\ & 0.624923 & 4923 \\ \hline & 9.999991 & 0010 \end{array}$$

Die Wurzel liegt danach zwischen 0.48245 und 0.48246. Die Interpolation gibt 0.482455.

Mitunter ist es vorteilhaft, auch statt der Unbekannten x eine Funktion von x einzuführen. So kann man z. B. als Unbekannte $\log x$ betrachten und erst, nachdem man mit ausreichender Genauigkeit den Wert von $\log x$ gefunden hat, den zugehörigen Numerus aufschlagen. Wenn man z. B. in dem Falle der eben behandelten Gleichung schon weiß, daß, wegen der Kleinheit von x, B_1 und B klein sind, so hat man mit Vernachlässigung von $B_1 - \bar{B}$

$$2\log x + 0.624923 = 0,$$

also in erster Annäherung

$$\log x = 9.69 - 10.$$

Nun rechne man das Schema etwa mit $\log x = 9.68$ und 9.69 durch. Man kann dabei auch so verfahren, daß man allein mit $\log x = 9.68$ rechnet und immer nur hinschreibt, wieviel Einheiten der letzten Stelle hinzukommen würden, wenn statt 9.68 die Zahl 9.69 genommen würde. Dabei hat man es nur mit der Tabelle der Additionslogarithmen zu tun:

	Änderung in Einheiten der zweiten Dezimale
$\log x$: 9.68	+ 1
$8\log x$: 7.44	+ 8
9.509	
A : 6.949	+ 8
B : 0.000	0.00
$3\log x$: 9.04	+ 3
9.319	
A_1 : 8.359	+ 3
B_1 : 0.010	+ 0.07

und

$7\log x$: 7.76	+ 7
9.855	
$\bar{A}$: 7.615	+ 7
$\bar{B}$: 0.002	0.03
$B_1 - \bar{B}$: 0.008	+ 0.04
$2\log x$: 9.36	+ 2
0.625	
9.993	+ 2.04

Um die linke Seite der Gleichung zu Null zu machen, muß sie um 0.7 Einheiten der zweiten Stelle vergrößert werden. Also ist $\log x$ um $\frac{0.7}{2.04}$ Einheiten der zweiten Stelle zu vergrößern. Das ergibt

$$\log x : 9.6834.$$

Wiederholt man mit dieser neuen Zahl die Rechnung, so ist es hier nicht nötig, die Änderungen ebenfalls noch mal zu berechnen, die durch eine Änderung der Zahl 9.6834 eintreten. Denn man kann annehmen, daß die Änderung der linken Seite der Gleichung der Änderung von $\log x$ proportional bleibt.

Man findet:

$\log 8x$: 7.4672	$\log 7x$: 7.7838
9.509306	9.855044
A : 6.976506	$\bar{A}$: 7.638844
B : 0.000411	$\bar{B}$: 0.001886
$3 \log x$: 9.0502	
9.318758	
A_1 : 8.369369	$B_1 - B$: 0.008162
B_1 : 0.010048	$2 \log x$: 9.3668
	0.624923
	9.999885

Korrektur: $\frac{0.0115}{2.04}$ Einheiten der zweiten Stelle = 56 Einheiten der sechsten Stelle.

Mithin

$$\log x = 9.683456$$
$$x = 0.482455.$$

Derselbe Kunstgriff, $\log x$ als die Unbekannte zu betrachten, kann auch bei der graphischen Lösung der Gleichung benutzt werden. Man macht $\log x$ zur Abszisse und $\log f(x)$ bzw. $\log \varphi(x)$ zur Ordinate. Die Abszisse des Schnittpunktes der beiden Kurven liefert den gesuchten Wert von $\log x$. Als Beispiel mögen die negativen Wurzeln der Gleichung

$$7x^5 - 5.47x^3 + 3.33x^2 + 1.72x - 0.15 = 0$$

gesucht werden. Wir vertauschen zunächst x mit $-x$ und verwandeln so die negativen Wurzeln in die positiven Wurzeln der Gleichung

$$-7x^5 + 5.47x^3 + 3.33x^2 - 1.72x - 0.15 = 0.$$

Um zunächst die größeren Werte von x zu untersuchen, dividieren wir durch x^5 und setzen $\frac{1}{x} = y$. Dann wird

$$f(y) = 3.33\, y^3 + 5.47\, y^2$$
$$\varphi(y) = 0.15\, y^5 + 1.72\, y^4 + 7$$

$\log 3.33 = 0.5224$ $\log 5.47 = 0.7380$ $c = 9.7844$	$\log 0.15 = 9.1761$ $\log 1.72 = 0.2355$ $\log 7 = 0.8451$ $\bar{c} = 8.9406$, $\bar{c}_1 = 9.3904$
$A = \log y + 9.7844$ $\log f(y) = B + 2 \log y + 0.7380$	$\bar{A} = \log y + 8.9406$ $\bar{A}_1 = \bar{B} + 4 \log y + 9.3904$ $\log \varphi(y) = \bar{B}_1 + 0.8451$

Die Tabelle der Additionslogarithmen stellt man sich am besten ein für allemal graphisch dar, indem man zur Abszisse $A = \log z$ die Ordinate $B = \log(z + 1)$ aufträgt.

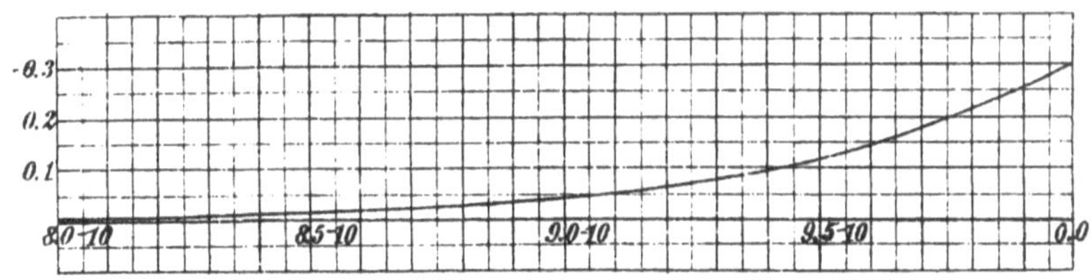

Fig. 4.

Zeichnet man noch die Werte der Konstanten c, $\bar{c}$ usw. als Abszissen oder Ordinaten ein, so kann man $\log f(y)$ und $\log \varphi(y)$ für eine Reihenfolge von Werten von $\log y$ bequem mit dem Zirkel konstruieren. Man erkennt so gleich, daß die Größen B und $\bar{B}$ immer positiv und um so kleiner sind, je kleiner y wird. Für hinreichend kleine Werte von y werden sie beliebig klein. Dies bedeutet geometrisch gesprochen, daß die beiden Kurven Abszisse: $\log y$, Ordinate: $\log f(y)$ und $\log \varphi(y)$ bei algebraisch kleinen Werten von y in gerade Linien auslaufen, deren Gleichungen sind:

$$\log f(y) = 2 \log y + 0.7380$$
$$\log \varphi(y) = 0.8451.$$

Nach algebraisch größeren Werten von y weichen die Kurven mehr und mehr nach oben von den Geraden ab (vgl. Fig. 5).

Man zeichne nun zuerst die beiden Geraden ein und füge dann für eine Anzahl von Werten von $\log y$ die Werte B und $\bar{B}_1$ zu den Ordinaten der Geraden hinzu. Konstruiert man z. B. die Kurvenpunkte für $\log y =$

9.8 — 10, so sieht man, daß sie in der Nähe der Geraden liegen. Für kleinere Werte von y müssen sich die Kurven noch näher an die Geraden an-

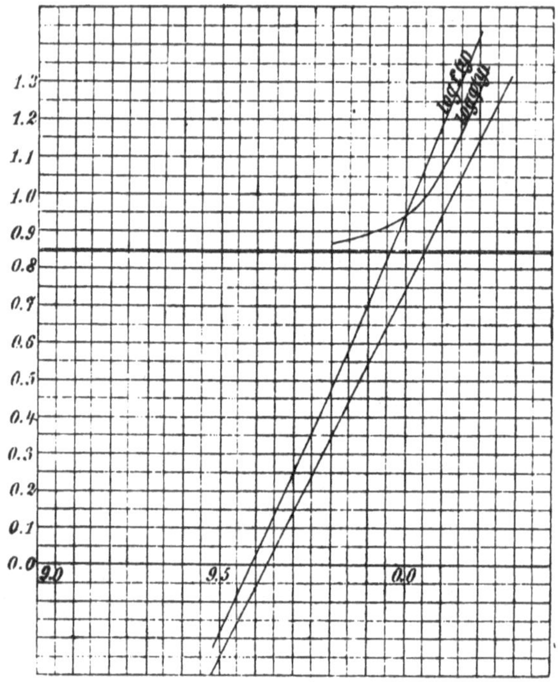

Fig. 5.

schmiegen, und da diese nach links immer weiter auseinander laufen, so gibt es keine Wurzel links von $\log y = 9.8 - 10$. Nahe bei $\log y = 0$ liegt dagegen eine Wurzel, während rechts davon bis $\log y = 0.2$ keine Wurzel vorkommt. Für größere Werte von $\log y$ ist $\log x$ kleiner als $9.8 - 10$. Hier trägt man $\log x$ selbst als Abszisse auf und setzt

$f(x) = 5.47\,x^3 + 3.33\,x^2$	$\varphi(x) = 7\,x^5 + 1.72\,x + 0.15$
$A = \log x + 0.2156$	$\overline{A} = 4 \log x + 0.6096$
$\log f(x) = B + 2 \log x + 0.5224$	$\overline{A}_1 = B + \log x + 1.0594$
	$\log \varphi(x) = \overline{B}_1 + 9.1761$

Zuerst konstruiert man wieder die beiden Geraden:

$$\text{Ordinate} = 2 \log x + 0.5224$$

und

$$\text{Ordinate} = 9.1761.$$

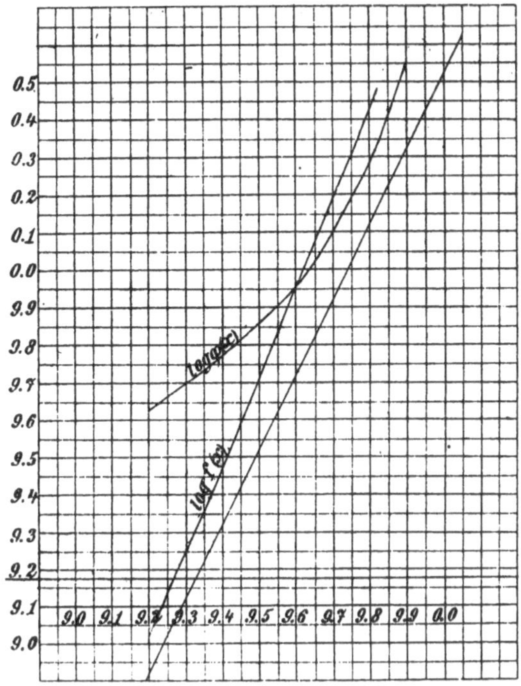

Fig. 6.

Bei $\log x = 9.2 - 10$ liegt die erste Kurve schon unter der Geraden, deren Ordinate gleich 9.1761. Links davon liegt daher keine Wurzel mehr. Wir finden einen Schnittpunkt der Kurven in der Nähe von $\log x = 9.6 - 10$ außer dem eben gefundenen Werte in der Nähe von $\log x = 0$.

Um auch für positive Werte von $A = \log z$ den zugehörigen Wert von $B = \log (z + 1)$ zu konstruieren, hat man nicht nötig, die Kurve, deren Abszisse und Ordinate A und B sind, auch für positive Abszissen zu zeichnen, denn man kann B auch in der Form

$$B = A + \log \left(1 + \frac{1}{z}\right)$$

darstellen, wobei man $\log \left(1 + \frac{1}{z}\right)$ als die zu $-A$ gehörige Ordinate findet.

§ 20. Trinomische Gleichungen.

Für einige Klassen von Gleichungen gibt es besondere Methoden, um die Wurzeln darzustellen.

Gleichungen dritten Grades

$$g(x) = x^3 + a x^2 + b x + c = 0$$

lassen sich, indem man $x + \frac{a}{3} = y$ als Unbekannte einführt, auf die Form bringen:

$$y^3 + p y + q = 0.$$

Dabei ist

$$p = g'\left(\frac{-a}{3}\right),$$

$$q = g\left(\frac{-a}{3}\right).$$

Führt man nun statt y wieder eine neue Veränderliche $z = m y$ ein, so erhält man für z die Gleichung

$$z^3 + m^2 p z + m^3 q = 0.$$

Diese Gleichung läßt sich bei passender Wahl von m mit der Gleichung in Übereinstimmung bringen, welche $\cos\frac{u}{3}$ als Funktion von $\cos u$ oder $\mathfrak{Cos}\frac{u}{3}$ als Funktion von $\mathfrak{Cos}\, u$ bestimmt, oder endlich $\mathfrak{Sin}\frac{u}{3}$ als Funktion von $\mathfrak{Sin}\, u$ bestimmt. Es ist nämlich

$$\cos^3\frac{u}{3} - \frac{3}{4}\cos\frac{u}{3} = \frac{1}{4}\cos u$$

und

$$\mathfrak{Cos}^3\frac{u}{3} - \frac{3}{4}\mathfrak{Cos}\frac{u}{3} = \frac{1}{4}\mathfrak{Cos}\, u$$

$$\mathfrak{Sin}^3\frac{u}{3} + \frac{3}{4}\mathfrak{Sin}\frac{u}{3} = \frac{1}{4}\mathfrak{Sin}\, u.$$

Je nachdem nun p negativ oder positiv ist, bestimmt man m so, daß $m^2 p = -\frac{3}{4}$ oder $m^2 p = +\frac{3}{4}$ wird und erhält die Gleichung für z in der Form

$$z^3 - \frac{3}{4} z = -m^3 q \text{ oder } z^3 + \frac{3}{4} z = -m^3 q.$$

m kann dabei positiv oder negativ gewählt werden, da bisher nur über den Wert von m^2 verfügt ist. Man wähle das Vorzeichen von m dem von q entgegengesetzt, so daß $-m^3 q$ positiv ist. Die Wurzeln der

Gleichung können nun in der folgenden Weise gefunden werden. Wenn p negativ ist und $-4\,m^3\,q \leqq 1$, so bestimmt man einen Winkel u, so daß $\cos u = -4\,m^3\,q$; dann sind die Wurzeln der Gleichung:

$$z_1 = \cos\frac{u}{3},\quad z_2 = \cos\left(\frac{u}{3} + 120^0\right),\quad z_3 = \cos\left(\frac{u}{3} + 240^0\right).$$

Wenn p negativ ist und $-4\,m^3\,q > 1$, so bestimmt man aus einer Tabelle der hyperbolischen Funktion den Wert u so, daß $\mathfrak{Cof}\,u = -4\,m^3\,q$. Dann hat die Gleichung nur die eine reelle Wurzel

$$\mathfrak{Cof}\,\frac{u}{3}.$$

Wenn endlich p positiv ist, so bestimmt man aus einer Tabelle der hyperbolischen Funktionen den Wert von u so, daß $\mathfrak{Sin}\,u = -4\,m^3\,q$ ist. Dann hat die Gleichung nur die eine reelle Wurzel

$$\mathfrak{Sin}\,\frac{u}{3}.$$

Beispiel:

$$x^3 - 1.74\,x^2 - 2.52\,x + 3.97 = 0$$

$$a = -1.74,\quad -\frac{a}{3} = 0.58$$

$$\begin{array}{rrrr}
1 & -1.74 & -2.52 & +3.97 \\
 & 0.58 & -0.6728 & -1.851824\ {}^{*)} \\
\hline
 & -1.16 & -3.1928 & +2.118176 = q \\
 & +0.58 & -0.3364 & \\
\hline
 & -0.58 & -3.5292 = p &
\end{array}$$

$$\begin{array}{rl}
\log 0.75 = & 9.875061 \\
\log p = & 0.547676 \\
\hline
 & 9.327385
\end{array}$$

$$\begin{array}{rl}
\log m = & 9.663692_n \\
\log m^3 = & 8.991076 \\
\log q = & 0.325962 \\
\log 4 = & 0.602060 \\
\hline
\log \cos u = & 9.919098
\end{array}
\qquad
\begin{array}{rl}
u = & 33^0\ 53'\ 51'' \\
\frac{u}{3} = & 11^0\ 17'\ 57'' \\
\frac{u}{3} + 120 = & 131^0\ 17'\ 57'' \\
\frac{u}{3} + 240 = & 251^0\ 17'\ 57''
\end{array}$$

---

*) Die Multiplikationen sind mit einer Rechentafel ausgeführt.

$$\begin{aligned} \log z_1 &= 9.991501 \\ \log z_2 &= 9.819538_n \\ \log z_3 &= 9.506000_n \\ \log m &= 9.663692_n \\ \hline \log y_1 &= 0.327809_n & y_1 &= -2.12720 \\ \log y_2 &= 0.155846 & y_2 &= 1.43168 \\ \log y_3 &= 9.842308 & y_3 &= 0.69552 \\ & & -\frac{a}{3} &= 0.58 \\ \hline & & x_1 &= -1.54720 \\ & & x_2 &= 2.01168 \\ & & x_3 &= 1.27552 \end{aligned}$$

Probe:

$$\begin{aligned} \log x_1 &= 0.189546_n \\ \log x_2 &= 0.303559 \\ \log x_3 &= 0.105687 \\ \hline \log x_1 x_2 x_3 &= 0.598792_n & x_1 x_2 x_3 &= -3.97001 \\ & & \text{soll: } & -3.97 \end{aligned}$$

Wenn es sich nur um eine oberflächliche Kenntnis der Wurzeln handelt, so lohnt sich diese Berechnung der Wurzeln nicht. Man tut dann besser, die Gleichung für y in der Form

$$y^3 = -p\,y - q$$

zu schreiben und die linke Seite als Ordinate einer Kurve zur Abszisse y, die rechte Seite durch die gerade Linie

$$\text{Ordinate} = -p\,y - q$$

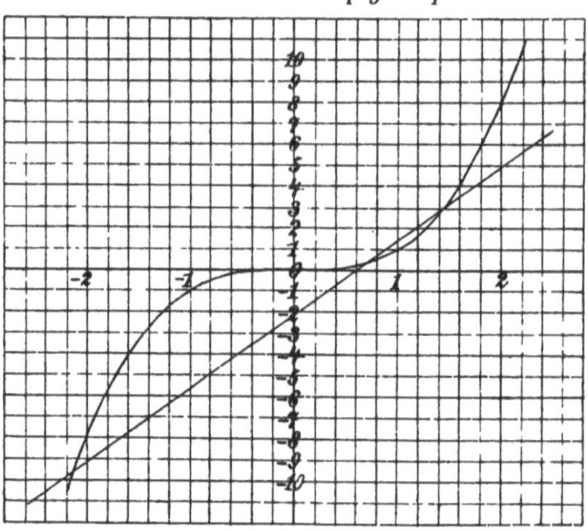

Fig. 7.

darzustellen. Sind die Werte der Ordinaten groß im Verhältnis zu den Werten von y, so stelle man die Ordinaten in einem kleineren Maßstab dar als die Abszissen. So sind z. B. in der Fig. 7, welche zu der Gleichung

$$y^3 - 3.529\, y + 2.118 = 0$$

gehört, die Abszissen in dem fünffachen Maßstab der Ordinaten aufgetragen.

Für andere Werte von p und q würde nur die gerade Linie eine andere werden, während die Kurve, deren Ordinate y^3 ist, unverändert bleibt, die man also beim Auflösen mehrerer Gleichungen dieser Art nur einmal zu zeichnen nötig haben würde.

Fällt die Wurzel über den Rand der Zeichnung hinüber, so kann man sich dadurch helfen, daß man $y = 10\, z$ setzt. Dann ergibt sich für z die Gleichung

$$z^3 = -\frac{p}{100}\, z - \frac{q}{1000}.$$

Die Wurzeln dieser Gleichung sind 10 mal so klein wie die der ersten. Statt 10 kann man natürlich auch einen andern passenden Faktor einführen.

Die Wurzeln der Gleichungen von der Form

$$a\, x^{m+n} + b\, x^m + c = 0$$

können mit Benutzung einer Tabelle der Additionslogarithmen in folgender Weise gefunden werden. Wir berechnen nur die positiven Wurzeln. Die negativen Wurzeln werden gefunden, indem man sie durch Vertauschung von x mit $-x$ in die positiven Wurzeln der Gleichung $a\,(-x)^{m+n} + b\,(-x)^m + c = 0$ verwandelt. Wir denken uns die Gleichung durch den Koeffizienten der höchsten Potenz von x dividiert und unterscheiden dann zunächst drei Fälle

$$\begin{aligned} 1)\ & x^{m+n} + e\, x^m - f = 0 \\ 2)\ & x^{m+n} - e\, x^m - f = 0 \\ 3)\ & x^{m+n} - e\, x^m + f = 0, \end{aligned}$$

wo e und f positive Zahlen bedeuten. Der vierte Fall $x^{m+n} + e\, x^m + f = 0$ fällt weg, weil diese Gleichung keine positiven Wurzeln haben kann.

Der zweite Fall wird auf den ersten zurückgeführt, wenn man die Gleichung durch $-f$ dividiert und den reziproken Wert von x als Unbekannte einführt. Wir erhalten dann

$$-\frac{1}{f} + \frac{e}{f}\left(\frac{1}{x}\right)^n + \left(\frac{1}{x}\right)^{m+n} = 0.$$

Wir brauchen also nur den ersten und dritten Fall zu behandeln.

Erster Fall: $x^{m+n} + e\,x^m - f = 0$.

Statt x werde die neue Unbekannte $t = \frac{x}{\sqrt[n]{e}}$ eingeführt. Dann ergibt sich für t die Gleichung

$$t^{m+n} + t^m = \lambda^{\frac{1}{n}},$$

wo $\lambda = f^n e^{-m-n}$. Je nachdem nun t größer oder kleiner ist als 1, muß $\lambda^{\frac{1}{n}}$ größer oder kleiner als 2 sein. Je nachdem schreibt man nun entweder

$$t^{m+n}(1 + t^{-n}) = \lambda^{\frac{1}{n}} \quad (\lambda^{\frac{1}{n}} > 2, t > 1)$$

oder

$$t^m(t^n + 1) = \lambda^{\frac{1}{n}} \quad (\lambda^{\frac{1}{n}} < 2, t < 1).$$

Im ersten Fall setzt man $A = \log(t^{-n})$ und hat dann

$$-\frac{m+n}{n} A + B = \frac{1}{n} \log \lambda \text{ oder } -(m+n)A + nB = \log \lambda.$$

Im zweiten Fall setzt man dagegen $A = \log(t^n)$ und hat:

$$\frac{m}{n} A + B = \frac{1}{n} \log \lambda \text{ oder } mA + nB = \log \lambda.$$

Beide Male ist A negativ, so daß die Tafel der Additionslogarithmen nur für negative Werte von A ausgeführt zu sein braucht.

Dritter Fall: $x^{m+n} - e\,x^m + f = 0$.

Statt x wird die neue Unbekannte $t = \frac{x}{\sqrt[m+n]{f}}$ eingeführt.

Dann ergibt sich für t die Gleichung

$$t^{m+n} - \lambda^{-\frac{1}{n+m}} t^m + 1 = 0,$$

wo λ wie im ersten Fall den Wert $f^n e^{-m-n}$ bedeutet. Durch Division mit t^m läßt sich die Gleichung in die Form bringen:

$$t^n + t^{-m} = \lambda^{-\frac{1}{n+m}}.$$

Der kleinste Wert, den die linke Seite für alle positiven Werte von t annimmt, wird erhalten, wo die Ableitung nach t verschwindet, d. h. für

$$n\,t^{n-1} = m\,t^{-m-1} \text{ oder } t^{n+m} = \frac{m}{n}.$$

Der kleinste Wert ist daher gleich

$$\left(\frac{m}{n}\right)^{\frac{n}{n+m}}\left(1+\frac{n}{m}\right) \text{ oder } \left(\frac{(m+n)^{m+n}}{m^m n^n}\right)^{\frac{1}{m+n}}.$$

Je nachdem dieser Wert kleiner oder größer ist als die rechte Seite der Gleichung, d. h. also je nachdem $\frac{(m+n)^{m+n}}{m^m n^n}$ kleiner oder größer ist als λ^{-1}, hat man zwei positive Wurzeln oder gar keine. In dem Grenzfall, wo $\frac{m^m n^n}{(m+n)^{m+n}} = \lambda$ ist, fallen die beiden Wurzeln in dem Wert $t = \left(\frac{m}{n}\right)^{\frac{1}{n+m}}$ zusammen. Sind zwei positive Wurzeln vorhanden, also λ^{-1} größer als $\frac{(m+n)^{m+n}}{m^m n^n}$, und ist dabei zugleich λ^{-1} kleiner als 2^{n+m}, so ist $t^n + t^{-m}$ kleiner als 2. Wir unterscheiden dann, ob der Wert $t = \left(\frac{m}{n}\right)^{\frac{1}{m+n}}$, für den wie oben bemerkt $t^n + t^{-m}$ den kleinsten Wert annimmt, größer oder kleiner ist als 1, d. h. ob m größer oder kleiner ist als n. Da nämlich für $t = 1$ der Wert $t^n + t^{-m}$ gleich 2, also größer als $\lambda^{-\frac{1}{n+m}}$ ist, so müssen, wenn der tiefste Punkt der Kurve $y = t^n + t^{-m}$ jenseits $t = 1$ liegt, beide Wurzeln der Gleichung größer sein als 1 und im andern Fall kleiner. Ist aber λ^{-1} größer als 2^{n+m} und daher $t^n + t^{-m}$ für die Wurzeln der Gleichung größer als 2, so liegt die Kurve bei $t = 1$ tiefer als bei den Wurzelwerten, und es muß daher die eine Wurzel größer, die andere kleiner als 1 sein. Je nachdem nun die Wurzel größer oder kleiner als 1 ist, setzt man

$$t^n (1 + t^{-m-n}) = \lambda^{-\frac{1}{n+m}}$$

oder

$$t^{-m} (t^{n+m} + 1) = \lambda^{-\frac{1}{n+m}}$$

und hat dann im ersten Fall für $A = \log t^{-m-n}$

$$-\frac{n}{n+m} A + B = -\frac{1}{n+m} \log \lambda \text{ oder}$$
$$-n A + (n+m) B = -\log \lambda$$

und im zweiten Fall für $A = \log t^{n+m}$

$$-\frac{m}{n+m} A + B = -\frac{1}{n+m} \log \lambda \text{ oder}$$
$$-m A + (n+m) B = -\log \lambda.$$

Es wird gut sein, die verschiedenen Fälle noch einmal zusammenzustellen:

1) $x^{m+n} + e\,x^m - f = 0$ eine positive Wurzel

$$x = \sqrt[n]{e} \cdot t, \quad t^{m+n} + t^m = \lambda^{\frac{1}{n}}, \quad \lambda = f^n e^{-m-n}.$$

1 a) $$\lambda^{\frac{1}{n}} > 2, \; t > 1, \; A = \log(t^{-n}), \\ -(m+n)\,A + n\,B = \log \lambda.$$

1 b) $\lambda^{\frac{1}{n}} < 2, \; t < 1, \; A = \log(t^n), \; m\,A + n\,B = \log \lambda.$

2) $x^{m+n} - e\,x^m - f = 0$ eine positive Wurzel

$$\left(\frac{1}{x}\right)^{m+n} + e'\left(\frac{1}{x}\right)^n - f' = 0 \quad e' = \frac{e}{f} \quad f' = \frac{1}{f}$$

$$\frac{1}{x} = \sqrt[m]{e'} \cdot t, \quad t^{m+n} + t^n = \lambda^{\frac{1}{m}}, \quad \lambda = f'^m \cdot e'^{-m-n} = f^n \cdot e^{-n-m}.$$

2 a) $$\lambda^{\frac{1}{m}} > 2, \; t > 1, \; A = \log t^{-m}, \\ -(m+n)\,A + m\,B = \log \lambda.$$

2 b) $\lambda^{\frac{1}{m}} < 2, \; t < 1, \; A = \log t^m, \; n\,A + m\,B = \log \lambda.$

3) $x^{m+n} - e\,x^m + f = 0$

$$x = \sqrt[m+n]{f} \cdot t, \quad t^n + t^{-m} = \lambda^{-\frac{1}{n+m}}, \quad \lambda = f^n e^{-m-n}.$$

3 a) $\lambda^{-1} < \dfrac{(m+n)^{m+n}}{m^m n^n}$ keine positiven Wurzeln.

3 b) $$\lambda^{-1} = \frac{(m+n)^{m+n}}{m^m n^n}$$

zwei zusammenfallende positive Wurzeln

$$t = \left(\frac{m}{n}\right)^{\frac{1}{m+n}}.$$

3 c) $$\lambda^{-1} > \frac{(m+n)^{m+n}}{m^m n^n}, \quad \lambda^{-1} < 2^{n+m}, \quad m > n$$

zwei positive Wurzeln, für beide $t > 1$

$$A = \log t^{-m-n}, \quad -n\,A + (n+m)\,B = -\log \lambda.$$

3 d) $$\lambda^{-1} > \frac{(m+n)^{m+n}}{m^m n^n}, \quad \lambda^{-1} < 2^{n+m}, \quad m < n$$

zwei positive Wurzeln, für beide $t < 1$

$$A = \log t^{n+m}, \quad -m\,A + (n+m)\,B = -\log \lambda.$$

3e) $$\lambda^{-1} > \frac{(m+n)^{m+n}}{m^m\, n^n}, \quad \lambda^{-1} > 2^{n+m}$$

zwei positive Wurzeln, für die eine ist $t > 1$, für die andere $t < 1$. Für $t > 1$ gelten die Gleichungen 3c), für $t < 1$ die von 3d).

Alle Fälle laufen darauf hinaus, den negativen Wert von A zu finden, wenn ein Ausdruck von der Form

$$\pm\, m\, A + n\, B$$

einen vorgeschriebenen Wert haben soll. Dabei sind m und n positive Zahlen, die nicht notwendig ganze Zahlen zu sein brauchen, und B ist die durch die Tabelle der Additionslogarithmen gelieferte Funktion von A. Man findet den Wert von A in ähnlicher Weise, wie es oben S. 41 beschrieben worden ist. Dabei ist es vorteilhaft, zunächst einen kurzen Auszug der Tabelle für Additionslogarithmen zu verwenden, den man sich ein für allemal aufstellen kann:

A	B	A	B	A	B
0	0.301	9.0	0.041	8.0	0.004
9.9	0.254	8.9	0.033	7.9	0.003
9.8	0.212	8.8	0.037	7.8	0.003
9.7	0.176	8.7	0.021	7.7	0.002
9.6	0.146	8.6	0.017	7.6	0.002
9.5	0.119	8.5	0.014	7.5	0.001
9.4	0.097	8.4	0.011	7.1	0.001
9.3	0.079	8.3	0.009	7.0	0.000
9.2	0.064	8.2	0.007		
9.1	0.051	8.1	0.005		
9.0	0.041	8.0	0.004		

Als Beispiel möge die oben behandelte Gleichung dritten Grades

$$y^3 - 3.5292\, y + 2.118176 = 0$$

dienen.

Die Gleichung hat die Form 3)

$$\begin{aligned} \log e &= 0.547676 & 3 \log e &= 1.643028 \\ \log f &= 0.325962 & 2 \log f &= 0.651924 \\ & & \log \lambda^{-1} &= 0.991104 \end{aligned}$$

Wir haben also den Fall 3e).

Für die größere Wurzel ist

$$-2\,A + 3\,B = 0.991104.$$

Die kleine Tabelle zeigt, daß A zwischen 9.8 und 9.9 liegt.

A	$-2A+3B$	Fehler
9.9	0.962	— 0.029
9.8	1.036	+ 0.045
		74

$$\frac{29}{74} = 0.39.$$

Wir erhalten daraus den genaueren Wert 9.861 und nun mit einer 6 stelligen Tafel

A	$-2A+3B$	Fehler
9.861	0.989201	— 0.001903
9.860	0.989941	— 0.001163
9.858	0.991424	+ 0.000320

$$\frac{320}{1483} \cdot 2 = 0.432,$$

mithin $A = 9.858432$.

Probe:

A	$-2A+3B$	Fehler
9.858432	0.991104	0.000000

$$\begin{aligned} \log t^{-3} &= 9.858432 \\ \log f &= 0.325962 \\ \log y^3 &= 0.467530 \\ \log y &= 0.155843 \\ y &= 1.43167 \end{aligned}$$

Für die andere positive Wurzel ist

$$-A + 3B = 0.991104.$$

Hier gibt die kleine Tabelle:

A	$-A+3B$	Fehler
9.3	0.937	— 0.054
9.2	0.992	+ 0.001

Daraus folgt der verbesserte Wert 9.202.

A	$-A+3B$	Fehler
9.202	0.990498	— 0.000606
9.201	0.991087	— 0.000017
9.200	0.991676	+ 0.000572

$$\frac{17}{589} = 0.029.$$

Mithin $A = 9.200971$.

Probe:

A	$-A+3B$	Fehler
9.200971	0.991104	0.000000

$$\log t^3 = 9.200971$$
$$\log f = 0.325962$$
$$\log y^3 = 9.526933$$
$$\log y = 9.842311 \quad y = 0.695521$$

Die fünf verschiedenen Fälle, die man zu unterscheiden hat, bilden für die praktische Berechnung eine Erleichterung, insofern man von vornherein erfährt, mit wie vielen Wurzeln man es zu tun hat, und ob t kleiner oder größer ist als 1. Dadurch wird die erste Annäherung abgekürzt *).

2. Beispiel. Eine Rente a sei am 1. Januar jedes Jahres zahlbar. Ihr Wert am 1. Januar desjenigen Jahres, in welchem die n-te Zahlung geleistet wird, ist alsdann

$$a\,(x^{n-1} + x^{n-2} + \cdots + x + 1) = a\,\frac{x^n - 1}{x - 1}.$$

Dabei ist $x = 1 + \frac{p}{100}$ und p bedeutet den Zinsfuß in Prozenten. Man will nun den Zinsfuß wissen, der zugrunde gelegt werden muß, damit in einer gegebenen Anzahl von Jahren der Wert der Rente auf ein gegebenes Vielfaches von a ansteigt. Soll bei der n ten Zahlung der Wert der Rente auf $w\,a$ angewachsen sein, so muß x eine Wurzel der Gleichung

$$\frac{x^n - 1}{x - 1} = w$$

sein. Es kann sich dabei der Natur der Sache nach nur um einen solchen Wert von x handeln, der größer als 1 ist, und w ist größer als n vorausgesetzt, da ja $n\,a$ der Wert der Rente $w\,a$ ohne Rücksicht auf die Zinsen sein würde. Die Gleichung kann in der Form geschrieben werden:

$$x^n - w\,x + w - 1 = 0.$$

Die eine positive Wurzel dieser Gleichung ist $x = 1$, die andere ist die gesuchte. Wir setzen nach 3)

$$x = \sqrt[n]{w - 1} \cdot t, \quad \lambda = (w - 1)^{n-1}\,w^{-n}$$

$$t^{n-1} + t^{-1} = \lambda^{-\frac{1}{n}}.$$

*) S. Gundelfinger ordnet die Rechnung in seinen Tafeln zur Berechnung der reellen Wurzeln sämtlicher trinomischer Gleichungen etwas anders an. Ich bin der Darstellung von C. F. Gauß gefolgt.

Die eine Wurzel t ist gleich $\frac{1}{\sqrt[n]{w-1}}$, also kleiner als 1, die andere ist, je nachdem $\lambda^{-1} < 2^n$ oder $\lambda^{-1} > 2^n$, kleiner oder größer als 1.

Es soll z. B. eine Rente, nachdem sie zum 100. Male gezahlt ist, auf den 200 fachen Wert ihres Betrages angewachsen sein. Welcher Zinsfuß ist zugrunde zu legen?

$$\log(w-1) = 2.298853 \quad \log(w-1)^{n-1} = 227.5864$$
$$\log w = 2.301030 \quad \log w^n = 230.1030$$
$$\log \lambda^{-1} = 2.5166$$

λ^{-1} ist kleiner als 2^{100}. Wir haben folglich nach Formel 3 d)

$$x = \sqrt[100]{w-1} \cdot t, \quad A = \log t^{100}$$
$$-A + 100\,B = 2.5166.$$

Die kleine Tabelle giebt in erster Annäherung

$$A = 8.2, \quad -A + 100\,B = 2.5.$$

Eine genauere Rechnung gibt

A	$-A+100\,B$	Fehler
8.20	2.4829	-0.0337
8.23	2.5013	-0.0153
8.25	2.5155	-0.0011
8.26	2.5232	$+0.0066$
		77

$$\frac{11}{77} = 0.14,$$

mithin verbessert $A = 8.2514$.

Probe:

A	$-A+100\,B$	Fehler
8.2514	2.5166	0.0000

$$\log t^{100} = 8.2514$$
$$\log w - 1 = 2.2989$$
$$\log x^{100} = 0.5503$$
$$\log x = 0.005503$$
$$x = 1.01275$$

Dieselbe Rechnung läßt sich auch ebenso einfach nach der früher erläuterten Weise durchführen, indem man es mit einzelnen Werten von x versucht und diese alsdann verbessert.

x	$100 \log x$	$x^{100}-1$	$x^{100}-1-200(x-1)$
1.04	1.703	49.5	41.5
1.03	1.284	18.2	12.2
1.02	0.860	6.24	2.24
1.01	0.432	1.70	— 0.30

Die Logarithmen von x sind dabei fünfstellig aufgeschlagen, während die Numeri von x^{100} aus einer vierstelligen Tafel entnommen werden. Dabei fällt alles Blättern fort. Die Rechnung zeigt, daß der gesuchte Wert zwischen 1.02 und 1.01 liegt. Auf den Unterschied 0.01 der beiden Werte von x kommt der Unterschied 2.54 der beiden Werte von $x^{100}-1-200\,(x-1)$. Unter der Annahme, daß die Änderungen proportional sind, würde das den verbesserten Wert

$$1.01+\frac{30}{254}\cdot 0.01=1.011$$

geben. Wir schlagen jetzt die Logarithmen von x siebenstellig auf, während die Numeri von x^{100} einer fünfstelligen Tabelle entnommen werden.

x	$100 \log x$	$x^{100}-1$	$x^{100}-1-200(x-1)$	Differenz
1.011	0.47512	1.9862	— 0.2138	
1.012	0.51805	2.2965	— 0.1035	0.1103
1.013	0.56094	2.6387	+ 0.0387	0.1422

Die Interpolation zwischen 1.012 und 1.013 gibt

$$1.012+\frac{1035}{1422}\,0.001=1.01273.$$

Die Rechnung für $x=1.011$, 1.012, 1.013 zeigt, daß die Änderungen von x immer noch nicht denen von $x^{100}-1-200\,(x-1)$ proportional sind. Man wird daher guttun, die Rechnung noch einmal mit 1.01273, 1.01274 und 1.01275 zu wiederholen. Bei solchen Rechnungen ist es in der Regel zweckmäßig, jeden einzelnen Schritt der Rechnung gleich mit allen drei Zahlen zu machen und nicht etwa für jede der drei Zahlen die ganze Rechnung gesondert durchzuführen. Der Vorteil besteht darin, daß einmal beim Aufschlagen von Tabellen dieselbe Gegend der Tabelle für die drei Zahlen benutzt wird, und zweitens darin, daß beim Übergang von einem Schritt der Rechnung zum nächsten Schritt etwas Zeit verlorengeht, die man zum Teil erspart, wenn jeder Schritt für die drei Zahlen zugleich ausgeführt wird.

x	$100 \log x$	$x^{100}-1$	$x^{100}-1-200(x-1)$	Differenz
1.01273	0.54936	2.5429	+ 0.0031	
				14
1.01274	0.54978	2.5463	+ 0.0017	
				19
1.01275	0.55021	2.5498	— 0.0002	

Die nächste Annäherung würde 1.012749 sein, indessen ist die sechste Stelle nicht mehr sicher.

Wenn man Tabellen für x^{100} zur Verfügung hat, so wird die Rechnung schneller ausgeführt werden. Selbst wenn die Tabelle den Zinsfuß nicht dichter als von Prozent zu Prozent fortschreiten ließe, so würden die ersten Versuche erheblich abgekürzt werden.

Es soll ein Kapital C durch jährliche Zahlungen von $p\,\%$ verzinst und in $n-1$ Jahren amortisiert sein. Welcher Zinsfuß ist dabei zugrunde gelegt? Ist q die Zahl der Prozente des Zinsfußes und wird $x = 1 + \frac{q}{100}$ gesetzt, so ist der heutige Wert der ersten nach einem Jahr zu leistenden Zahlung $\frac{p}{100} \cdot C \cdot x^{-1}$. Ebenso ist der heutige Wert der zweiten nach zwei Jahren zu leistenden Zahlung $\frac{p}{100} \cdot C \cdot x^{-2}$ u. s. w. Demnach ergibt sich für x die Gleichung

$$C = \frac{p}{100}\, C\, (x^{-1} + x^{-2} + \cdots + x^{-n+1})$$

oder

$$\frac{1 - x^{-n+1}}{x-1} = \frac{100}{p}$$

oder, wenn $x^{-1} = y$ gesetzt wird,

$$y^n - \left(1 + \frac{100}{p}\right) y + \frac{100}{p} = 0.$$

Die Gleichung ist von derselben Form, wie die auf S. 127 betrachtete, wenn $w = 1 + \frac{100}{p}$ gesetzt wird. Nur war dort dem Sinne der Aufgabe nach $w > n$, weil der Wert der n fachen Zahlung der Summe a durch die Zinsen auf mehr als $n\,a$ anwächst Hier dagegen muß w kleiner als n sein. Die $n-1$ fache Zahlung der Summe $\frac{p}{100}\, C$ muß größer sein als C. Denn das wäre der Betrag, wenn keine Zinsen berechnet würden. Es muß daher $\frac{p}{100} > \frac{1}{n-1}$, mithin $\frac{1}{w-1} > \frac{1}{n-1}$ oder $w < n$ sein.

Auch in diesem Falle ist die eine Wurzel gleich 1. Während aber im ersten Falle der gesuchte Wert x größer als 1 ist, muß hier der gesuchte Wert y kleiner als 1 sein.

Es sei z. B. $p = 5$, $n = 100$, so daß also das Kapital durch Zahlungen von 5 % verzinst und in 99 Jahren amortisiert wird.

$$y^{100} - 21\,y + 20 = 0$$

$$\begin{array}{rlrl} \log(w-1) &= 1.301030 & \log(w-1)^{99} &= 128.8020 \\ \log w &= 1.322219 & \log w^{100} &= 132.2219 \\ & & \log \lambda^{-1} &= 3.4199 \end{array}$$

λ^{-1} ist kleiner als 2^{100}. Wir haben folglich nach Formel 3 d)

$$x = \sqrt[100]{20} \cdot t \qquad A = \log t^{100}$$
$$-A + 100\,B = 3.4199$$

Beide Wurzeln t sind kleiner als 1; es ist die kleinere der beiden Wurzeln zu berechnen. Die kleine Tabelle S. 125 gibt für den kleineren Wert von A:

A	$-A + 100\,B$	Fehler
6.6	3.4	0.0

Mit einer genaueren Tafel findet man

A	$-A + 100\,B$	Fehler
6.5	3.5137	+ 0.0938
6.6	3.4173	− 0.0026
6.7	3.3218	− 0.0981

$$\frac{26}{964}\,0.1 = 0.0027$$

A	$-A + 100\,B$	Fehler
6.5973	3.4199	0.0000

$$\begin{array}{rll} \log t^{100} &= 6.5973 & -10 \\ \log 20 &= 1.3010 & \\ \hline & \ 7.8983 & -10 \\ \log y &= 9.978983 & -10 \\ \log x &= 0.021017 & \qquad x = 1.04958 \end{array}$$

Hier könnte man mit Vorteil auch die oben S. 48 erläuterte Methode anwenden. Denn wenn man die Gleichung

$$\frac{1 - x^{-n+1}}{x - 1} = \frac{100}{p}$$

in die Form bringt:

$$x = 1 + \frac{p}{100} - \frac{p}{100} x^{-n+1},$$

so ändert sich bei so großen Werten von n die rechte Seite viel langsamer als die linke und man kann daher aus einem Näherungswert einen neuen besseren finden, indem man ihn in die rechte Seite einsetzt. Man nimmt als erste Annäherung $x = 1 + \frac{p}{100}$ und hat z. B. in unserm Fall

$$x = 1.05 - 0.05\, x^{-99}$$

x	$0.05\, x^{-99}$
1.05	0.000399
1.049601	0.000414
1.049586	0.000415

Mithin $x = 1.049585$.

Dieselbe Methode würde auch auf die Gleichung S. 127

$$x^n - w\, x + w - 1 = 0$$

anwendbar sein, indem man schriebe

$$x = \sqrt[n]{w\, x - w + 1}.$$

Für sehr große Werte von n ändert sich die rechte Seite langsamer als die linke und man kann dann durch Einsetzen eines Näherungswertes einen neuen besseren finden.

Der Differentialquotient der rechten Seite gibt dabei an, auf welchen Bruchteil sich der Fehler eines Näherungswertes durch die Rechnung reduziert. Der Differentialquotient ist

$$\frac{1}{n} \cdot \frac{w}{\sqrt[n]{w\, x - w + 1}^{\,n-1}}$$

oder, wenn man für x die Wurzel selbst einsetzt,

$$\frac{1}{n} \cdot \frac{w\, x}{w\, x - w + 1}$$

oder, da x nahezu gleich 1 ist, genähert:

$$\frac{w}{n\,(x-1)\, w + n}.$$

Sobald also $n\,(x-1)$, d. i. der n fache Zinsbruchteil, beträchtlich größer als 1 ist, so wird die Näherung beträchtlich sein. Wenn z. B. der Zinsfuß nahezu 5% beträgt, so muß n beträchtlich größer als 20 sein, damit das Verfahren brauchbar sei.

In der oben S. 128 behandelten Gleichung

$$x^{100} - 1 = 200\,(x - 1)$$

oder

$$x = \sqrt[100]{1 + 200\,(x - 1)}$$

würde z. B. die Rechnung so verlaufen:

$$\log x = \frac{1}{100} \log\,(1 + 200\,(x - 1)).$$

Es werde die rechte Seite zunächst mit vierstelligen Logarithmen gerechnet, während der Numerus x in einer fünfstelligen Tabelle aufgeschlagen wird, solange die Annäherung noch so grob ist, daß eine feinere Rechnung sich doch nicht lohnen würde. Als erste Annäherung werde 1.03 gewählt.

x	$\frac{1}{100}\log(1 + 200\,(x-1))$
1.03	0.00845
1.020	0.00690
1.016	0.00623
1.014	0.00580
1.0134	0.00566
1.0131	0.00559
1.0130	0.00556
1.0129	0.00554
1.0128	

Jetzt würde man guttun, den Numerus x in einer sechsstelligen Tafel aufzuschlagen, während für die zweite Kolonne noch immer die vierstellige ausreicht, um den Logarithmus auf sechs Stellen genau zu ermitteln.

x	$\frac{1}{100}\log(1 + 200\,(x-1))$
1.0128	0.005514
1.01278	0.005509
1.01277	0.005507
1.01276	0.005504
1.01275	0.005502
1.01275	

Wollte man die Wurzel noch genauer finden, so würde man Tafeln mit mehr Stellen anzuwenden haben. Zur Probe, daß die Wurzel größer ist als 1.01274, kann man damit noch einmal die Rechnung machen und sich überzeugen, daß man sich dann der Wurzel von der anderen Seite nähert.

x	$\frac{1}{100}\log(1+200(x-1))$
1.01274	0.0054998
1.012744	

Obgleich in diesem Falle die Konvergenz keineswegs rasch ist, so sind doch die Rechnungen mit den geeigneten Tafeln so leicht auszuführen, daß man sich der Wurzel schnell nähert. Wenn eine größere Genauigkeit der Wurzel verlangt wird, so würde es besser sein, zu dem oben S. 41 erläuterten Interpolationsverfahren überzugehen, sobald man der Wurzel nahe genug ist, um die Änderungen der Veränderlichen den Änderungen der Funktion proportional zu setzen:

x	$x-\frac{1}{100}\log(1+200(x-1))$	Diff.
1.0128	$+0.000021$	42
1.0127	-0.000021	

$$x = 1.012750.$$

Wenn bei trinomischen Gleichungen für die zu bestimmenden Wurzeln keine große Genauigkeit verlangt wird und wenn eine größere Anzahl von Gleichungen vorliegt welche verschiedene Koeffizienten besitzen, für welche aber die Exponenten $m+n$ und n dieselben Werte haben, so kann man eine Zeichnung machen, die für beliebige Werte der Koeffizienten die Wurzeln abzulesen erlaubt. Man denke sich zu dem Ende in der Gleichung

$$x^{m+n} \pm e\,x^m \pm f = 0$$

für einen beliebigen Wert von x die Koeffizienten $\pm e, \pm f$ als rechtwinklige Koordinaten aufgefaßt, so wird die Gleichung durch eine gerade Linie wiedergegeben. Man entwerfe nun eine Zeichnung der geraden Linien für eine Reihe von Werten von x etwa

$$x \text{ gleich } 0,\ +0.1,\ +0.2, \ldots,$$

indem man x so viel äquidistante Werte durchlaufen läßt, bis die betreffende Grade über den Umfang der Zeichnung hinausfällt. Die Zeichnung möge einen solchen Umfang haben, daß beide Koordinaten zwischen -1 und $+1$ laufen. Alsdann wird man für jedes Wertepaar $\pm e, \pm f$, das in diesen Grenzen liegt, die positiven Wurzeln der Gleichung aus der Zeichnung entnehmen können. Um auch die negativen Wurzeln zu finden, verwandelt man in der Gleichung x in $-x$, wodurch sie in eine andere übergeht, deren positive Wurzeln den negativen der ersten Gleichung gerade entgegengesetzt sind.

Für solche Werte der Koeffizienten, die über die Grenzen der Zeichnung hinaus liegen, denke man sich in der Gleichung $x = 10\,z$ gesetzt. Für z ergibt sich dann die Gleichung

$$z^{m+n} \pm e \cdot 10^{-n} \cdot z^{m} \pm f\,10^{-m-n} = 0.$$

Die Koeffizienten der Gleichung für z sind wesentlich kleiner als diejenigen der ersten Gleichung. Statt des Faktors 10 kann man natürlich auch einen größeren oder weniger großen wählen und dadurch die Koeffizienten noch mehr oder weniger herunterdrücken. In der beifolgenden Figur 8 ist für die Gleichungen dritten Grades

$$x^3 \pm e\,x \pm f = 0$$

die Zeichnung ausgeführt.

$\pm e$ ist als Abszisse, $\pm f$ als Ordinate aufgetragen. An jede gerade Linie ist der betreffende Wert von x angeschrieben. Sollen z. B. die positiven Wurzeln der oben S. 125 behandelten Gleichung

$$y^3 - 3.5292\,y + 2.118176 = 0$$

in erster Annäherung gefunden werden, so setze man $y = 2\,x$, wodurch sich für x die Gleichung ergibt:

$$x^3 - 0.882\,x + 0.265 = 0.$$

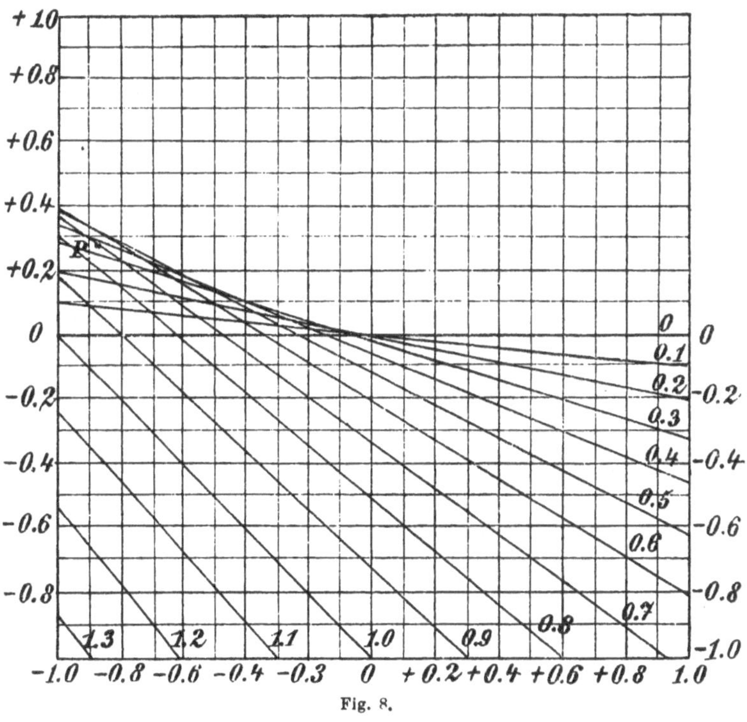

Fig. 8.

Den Koordinaten

$$-0.882, \quad +0.265$$

entspricht in der Figur der Punkt P. Der Punkt liegt sehr nahe der Geraden, für welche $x = 0.7$ ist, zwischen dieser und der Geraden $x = 0.8$. Man interpoliert etwa $x = 0.71$. Andererseits liegt P zwischen den Geraden $x = 0.3$ und $x = 0.4$ ungefähr in der Mitte. Man interpoliert $x = 0.35$. Die beiden Werte $x = 0.71$ und $x = 0.35$ entsprechen den beiden Werten $y = 1.42$ und $y = 0.70$, die in der Tat mit den oben gefundenen Werten der Wurzeln $y = 1.43167$ und $y = 0.695521$ nahe übereinstimmen.

---

§ 21. Das Graeffesche Verfahren zur Berechnung der Wurzeln.

Wenn alle Wurzeln einer algebraischen Gleichung sowohl die reellen wie die komplexen berechnet werden sollen, so ist ein von Graeffe angegebenes Verfahren zweckmäßig, das sich von den bisher auseinandergesetzten wesentlich unterscheidet. Es setzt nicht die vorhergehende Untersuchung der Gleichung voraus, durch welche zunächst grobe Näherungswerte der Wurzeln gefunden werden, die dann auf anderm Wege verfeinert werden. Vielmehr ist es eine einheitliche Methode, die von der gegebenen Gleichung ausgehend ohne Kenntnis von Näherungswerten der Wurzeln mit beliebiger Genauigkeit zu den Werten aller Wurzeln führt. Der leitende Gedanke ist der, daß man durch einfache Rechnung aus den Koeffizienten einer Gleichung die Koeffizienten einer anderen Gleichung finden kann, deren Wurzeln die Quadrate der Wurzeln der ersten Gleichung sind. Aus dieser Gleichung findet man in derselben Weise eine neue, deren Wurzeln die vierten Potenzen der ursprünglichen Wurzeln sind. So fortfahrend findet man nacheinander die Gleichungen, deren Wurzeln die 2ten, 4ten, 8ten, 16ten u. s. w. Potenzen der ursprünglichen Gleichung sind. Nach 10 Operationen z. B. würde man eine Gleichung finden, deren Wurzeln die 1024ten Potenzen der ursprünglichen Wurzeln sind. Wenn nun die ursprünglichen Wurzeln alle dem absoluten Betrage nach voneinander verschieden sind, so werden die Wurzeln der abgeleiteten Gleichungen immer stärker auseinandergezogen in dem Sinne, daß die dem absoluten Betrage nach kleinste ein immer kleinerer Bruchteil der nächstkleinsten wird und diese ein immer kleinerer Bruchteil der folgenden u. s. f. Wenn aber die Wurzeln einer Gleichung in dieser Weise auseinandergezogen sind, so lassen sie sich sehr einfach aus den Koeffizienten der Gleichung bestimmen. Ist nämlich die Gleichung

$$a_0 x^n + a_1 x^{n-1} + a_2 x^{n-2} + \cdots + a_n = 0,$$

so wird die größte Wurzel bis auf einen relativ kleinen Fehler aus der Gleichung

$$a_0 x + a_1 = 0$$

gefunden, die nächste aus der Gleichung

$$a_1 x + a_2 = 0$$

u. s. w., die kleinste aus der Gleichung

$$a_{n-1} x + a_n = 0.$$

Das geht sofort aus dem Zusammenhang der Koeffizienten mit den Wurzeln der Gleichung hervor. Bezeichnet man die größte Wurzel mit x_1, die nächste mit x_2 u. s. w., die kleinste mit x_n, so ist wegen der identischen Gleichung

$$(x - x_1)(x - x_2) \cdots (x - x_n)$$
$$= x^n + \frac{a_1}{a_0} x^{n-1} + \frac{a_2}{a_0} x^{n-2} + \cdots + \frac{a_n}{a_0}$$

die Summe aller Wurzeln gleich $-\frac{a_1}{a_0}$, die Summe aller Produkte von je zwei Wurzeln gleich $\frac{a_2}{a_0}$, die Summe aller Produkte von je drei Wurzeln gleich $-\frac{a_3}{a_0}$ u. s. w. Wenn nun x_1 so groß gegen $x_2, x_3 \cdots x_n$ ist, daß auch die Summe $x_2 + x_3 + \cdots + x_n$ nur einen sehr kleinen Bruchteil von x_1 ausmacht, so ist also bis auf diesen kleinen Bruchteil, d. h. also bis auf einen relativ zu x_1 kleinen Fehler

$$x_1 = -\frac{a_1}{a_0}.$$

Wenn ferner x_1 und x_2 sehr groß sind gegen $x_3 \cdots x_n$, so ist unter allen Produkten von je zweien dieser Wurzeln das Produkt $x_1 x_2$ sehr groß gegen die übrigen. Ist es nun so groß, daß die Summe aller übrigen nur ein kleiner Bruchteil von $x_1 x_2$ ist, so ist bis auf diesen relativ kleinen Fehler

$$x_1 x_2 = \frac{a_2}{a_0}.$$

In derselben Weise ergibt sich bis auf einen relativ kleinen Fehler:

$$x_1 x_2 x_3 = -\frac{a_3}{a_0}$$
$$x_1 x_2 x_3 x_4 = \frac{a_4}{a_0} \text{ u. s. f.}$$

Aus diesen Gleichungen folgt durch Division von $x_1 x_2$ durch x_1, von $x_1 x_2 x_3$ durch $x_1 x_2$ u. s. f., daß bis auf relativ kleine Fehler

$$x_2 = -\frac{a_2}{a_1}$$
$$x_3 = -\frac{a_3}{a_2}$$
$$x_4 = -\frac{a_4}{a_3}$$
u. s. w.

oder mit andern Worten, daß die Wurzeln der Gleichung

$$a_0 x^n + a_1 x^{n-1} + \cdots + a_{n-1} x + a_n = 0$$

bis auf relativ kleine Beträge gleich den Wurzeln der Gleichungen

$$a_0 x + a_1 = 0, \; a_1 x + a_2 = 0 \ldots, \; a_{n-1} x + a_n = 0$$

sind, sobald nur die Wurzeln so stark auseinandergezogen sind, daß die kleinste Wurzel ein sehr kleiner Bruchteil der nächstkleinsten ist, diese wieder ein sehr kleiner Bruchteil der folgenden u. s. w.

Sobald man also von irgendeiner gegebenen Gleichung ausgehend die Gleichung abgeleitet hat, deren Wurzeln so hohe Potenzen der Wurzeln der ersten Gleichung sind, daß sie hinreichend auseinandergezogen sind, so kann man die Potenzen der Wurzeln aus den berechneten Koeffizienten finden und kann dann durch Wurzelausziehung zu den Wurzeln der gegebenen Gleichung gelangen.

Die Methode, um von einer Gleichung zu der nächsten zu gelangen, deren Wurzeln die Quadrate der Wurzeln der vorigen Gleichung sind, besteht in folgendem. Ist

$$g(x) = b_0 x^n - b_1 x^{n-1} + b_2 x^{n-2} \cdots \pm b_{n-1} x \mp b_n = 0$$

die erste Gleichung, so multipliziert man $g(x)$ mit $g(-x)$. Das Produkt bleibt ungeändert, wenn x in $-x$ verwandelt wird und muß daher nach Potenzen von x geordnet nur gerade Potenzen von x enthalten. Setzt man nun $x^2 = z$, so kann man $g(x)\, g(-x)$ als eine ganze Funktion n'ten Grades von z schreiben. Die Werte von z, für die diese ganze Funktion verschwindet, sind die Quadrate der Wurzeln der ersten Gleichung. Die Koeffizienten der ganzen Funktion von z werden nach dem folgenden Schema gefunden:

b_0^2	$+ b_1^2$	$+ b_2^2$	$+ b_3^2$	etc.
	$- 2 b_0 b_2$	$- 2 b_1 b_3$	$- 2 b_2 b_4$	
		$+ 2 b_0 b_4$	$+ 2 b_1 b_5$	
			$- 2 b_0 b_6$	
c_0	c_1	c_2	c_3	etc.

Dann ist:

$$c_0 z^n - c_1 z^{n-1} + c_2 z^{n-2} - \cdots \pm c_n = 0.$$

Die weiteren Bemerkungen knüpfen sich besser an die Ausführung eines Beispiels an.

Es sollen die Wurzeln der Gleichung dritten Grades

$$x^3 - 1.74\,x^2 - 2.52\,x + 3.97 = 0$$

gefunden werden, die oben auf anderem Wege berechnet worden sind. Zunächst werden die Logarithmen der Koeffizienten $b_0 = 1$, $b_1 = 1.74$, $b_2 = -2.52$, $b_3 = -3.97$ hingeschrieben:

$$0 \quad 0.240549 \quad 0.401401_n \quad 0.598791_n.$$

Alsdann bildet man die Logarithmen der Quadrate und Produkte, die in den verschiedenen Kolonnen vorkommen. Da die erste Kolonne hier immer nur aus der Zahl 1 besteht, so kann sie fortgelassen werden.

0.481098	0.802802	1.197582
0.702431	1.140370	

Die Logarithmen der Summen bildet man mit der Tabelle der Additionslogarithmen oder Subtraktionslogarithmen.

	A		A
0.481098		0.802802	
0.702431	9.778667	1.140370	9.662432
B = 0.204313		B = 0.164250	
c_1 = 0.906744		c_2 = 1.304620	c_3 = 1.197582

Mit diesen Zahlen verfährt man ebenso u. s. f.

	B		B	
1.813488		2.609240		
1.605650_n	0.207838	2.405356_n	0.203884	
A = 9.787997		9.777516		
1.393647		2.182872		2.395164
2.787294		4.365746		
2.483902_n	0.303392	4.089838_n	0.275908	
A = 0.004712		9.948213		
2.488614		4.038051		4.790328
4.977228		8.076102		
4.339081_n	0.638147	7.579972_n	0.496130	
C = 9.886453		9.833110		
4.863681		7.909212		9.580656
9.727362		15.818424		
8.210242_n	1.517120	14.745367_n	1.073057	
C = 9.986593		9.961650		
9.713955		15.780074		19.161312

19.427910		31.560148		
16.081104$_n$	3.346806	29.176297$_n$	2.383851	
$C =$ 9.999804		9.998201		
19.427714		31.558349		38.322624
38.855428		63.116698		
31.859379$_n$	6.996	58.051368$_n$	5.065	
$C =$		9.999996		
		63.116694		

Für die größeren Werte von B ist die Tafel der Subtraktionslogarithmen benutzt.

Weiter zu rechnen hat keinen Sinn, wenn man sich auf sechsstellige Logarithmen beschränkt. Denn beim nächsten Schritt würden nur die Quadrate der Koeffizienten in Betracht kommen, die Produkte werden so klein gegen die Quadrate, daß sie die sechste Stelle im Logarithmus der Summe nicht mehr beeinflussen. Es würde daher dasselbe Resultat geben, ob man nun aus den Quotienten der berechneten Koeffizienten die 64. Wurzeln auszieht oder aus ihren Quadraten die 128. Wurzeln. Nur in der zweiten Kolonne ist beim nächsten Schritt noch eine kleine Änderung des Quadrates des Koeffizienten in der sechsten Stelle des Logarithmus vorhanden. Wir schreiben also für die Logarithmen der Koeffizienten der Gleichung der 64. Potenzen

		Diff.
$a_0 = 1$		
$\log a_1$	19.427714$_n$	12.130633
$\log a_2$	31.558347	6.764277
$\log a_3$	38.322624$_n$	

Die Logarithmen der 64. Wurzeln aus $-a_1$, $-\frac{a_2}{a_1}$, $-\frac{a_3}{a_2}$ sind:

0.303558
0.189541
0.105692.

Hieraus ergeben sich die Wurzeln bis auf ihr Vorzeichen:

2.01168
1.54718
1.27553.

Um auch die Vorzeichen zu ermitteln, beachte man, daß nach der Zeichenregel des Cartesius die Gleichung eine und nur eine negative Wurzel besitzt. Da ferner die Summe der Wurzeln gleich $+ 1.74$ sein soll, so ergibt sich durch den Versuch, eine der drei Zahlen von der Summe der andern abzuziehen, sogleich, daß die mittlere der drei Zahlen negativ zu nehmen ist.

Die Summe der drei Zahlen

$$\begin{array}{r} +\ 2.01168 \\ -\ 1.54718 \\ +\ 1.27553 \end{array}$$

ergibt

$$+\ 1.74003.$$

Man kann dies als ausreichende Probe betrachten, daß die drei gefundenen Werte bis auf wenige Einheiten der fünften Dezimale richtig sind. Will man eine vollständige Probe, so kann man außer der Summe der Werte auch die Summe der Produkte von je zweien und das Produkt der drei Werte berechnen. Bezeichnet man die drei Werte mit a, b, c, so ergibt sich

$$\begin{aligned} &(x-a)\ (x-b)\ (x-c) \\ &= x^3 - 1.74003\,x^2 - 2.51995\,x + 3.97000. \end{aligned}$$

Nun war die gegebene Gleichung

$$x^3 - 1.74\,x^2 - 2.52\,x + 3.97 = 0.$$

Mithin ist für jede Wurzel x:

$$(x-a)(x-b)(x-c) = -0.00003\,x^2 + 0.00005\,x = (-3x+5)x \cdot 10^{-5}.$$

Für die Wurzel, die nahe bei a liegt, setze man

$$x - a = \frac{(-3\,x + 5)\,x \cdot 10^{-5}}{(x-b)\ (x-c)}.$$

Dann ändert sich die rechte Seite sehr langsam, wenn x in der Nähe von a liegt. Man findet daher einen Näherungswert für die Verbesserung $x - a$, wenn man auf der rechten Seite $x = a$ setzt. Die Rechnung wird mit dem Rechenschieber auf eine oder zwei Stellen ausgeführt und gibt in Einheiten der fünften Dezimale $x - a = -0{,}8$. Es hat keinen Sinn, genauer zu rechnen, wenn die Koeffizienten $a + b + c$, $b\,c + c\,a + a\,b$, $a\,b\,c$ nur wie hier mit sechsstelligen Logarithmen berechnet sind. In ähnlicher Weise findet man für die Verbesserungen von b und c in Einheiten der fünften Dezimale die Werte -1.5 und -0.7.

Wenn zwei oder mehr Wurzeln dem absoluten Betrage nach gleich sind, so werden die Potenzen nicht auseinanderrücken. Man muß dann die Betrachtung ein wenig allgemeiner fassen.

Es seien die Wurzeln $x_1\,x_2 \cdots x_a$ der Gleichung $a_0\,x^n + a_1\,x^{n-1} + \cdots + a_{n-1}\,x + a_n = 0$ dem absoluten Betrage nach nicht kleiner als r, während die übrigen Wurzeln $x_{a+1}, x_a, \ldots x_n$ im Verhältnis zu r

klein sind. Alsdann kann man zeigen, daß die Wurzeln $x_1\, x_2 \ldots x_\alpha$ nur um kleine Bruchteile ihrer Beträge von den Wurzeln der Gleichung

$$a_0 x^\alpha + a_1 x^{\alpha-1} + \cdots + a_{\alpha-1} x + a_\alpha = 0$$

abweichen, während $x_{\alpha+1}\, x_{\alpha+2} \ldots x_n$ bis auf kleine Bruchteile ihrer Beträge mit den Wurzeln der Gleichung

$$a_\alpha x^{n-\alpha} + a_{\alpha+1} x^{n-\alpha-1} + \cdots + a_{n-1} x + a_n = 0$$

übereinstimmen.

Ist nämlich x dem absoluten Betrage nach größer oder gleich r, so läßt sich zeigen, daß

$$\frac{a_0 x^n + a_1 x^{n-1} + \cdots + a_{n-1} x + a_n}{a_\alpha x^{n-\alpha}}$$

sehr nahe mit $\frac{a_0 x^\alpha + a_1 x^{\alpha-1} + \cdots + a_\alpha}{a_\alpha}$ übereinstimmt. Die beiden Ausdrücke unterscheiden sich nur durch die Glieder

$$\frac{a_{\alpha+1}}{a_\alpha} x^{-1} + \frac{a_{\alpha+2}}{a_\alpha} x^{-2} + \cdots + \frac{a_n}{a_\alpha} x^{-(n-\alpha)}.$$

Von diesen Gliedern muß aber jedes sehr klein sein. Denn $\frac{a_{\alpha+\beta}}{a_\alpha}$ ist positiv oder negativ gleich der Summe der Produkte von je $\alpha + \beta$ Wurzeln dividiert durch die Summe der Produkte von je α Wurzeln. Von diesen letzteren ist $x_1\, x_2 \ldots x_\alpha$ dem absoluten Betrage nach das größte, während alle übrigen gegen dieses sehr klein sind. In der ersten Summe sind diejenigen Produkte die größten, in denen $x_1\, x_2 \ldots x_\alpha$ und nur β von den Wurzeln $x_{\alpha+1} \ldots x_n$ vorkommen. Wird mit $x^{-\beta}$ multipliziert, so muß jedes Glied klein gegen $x_1\, x_2 \ldots x_\alpha$ sein, weil $x^{-\beta}$ klein ist gegen das Produkt von β Faktoren $x_{\alpha+1} \ldots x_n$. Folglich ist unter den gemachten Annahmen

$$\frac{a_{\alpha+\beta}}{a_\alpha} x^{-\beta}$$

sehr klein und folglich ist für alle Werte von x, deren absoluter Betrag größer ist als r, d. h. also groß ist gegen $x_{\alpha+1} \ldots x_n$,

$$\frac{a_0 x^n + a_1 x^{n-1} + \cdots + a_{n-1} x + a_n}{a_\alpha x^{n-\alpha}}$$

sehr nahe übereinstimmend mit

$$\frac{a_0 x^\alpha + a_1 x^{\alpha-1} + \cdots + a_{\alpha-1} x + a_\alpha}{a_\alpha}.$$

Oder, was dasselbe ist, es muß für alle Werte von x, die groß sind gegen $x_{a+1} \dots x_n$,

$$\frac{a_0}{a_a}(x - x_1)(x - x_2) \cdots (x - x_a)\left(1 - \frac{x_{a+1}}{x}\right) \cdots \left(1 - \frac{x_n}{x}\right)$$

sehr nahe mit

$$\pm\left(\frac{x}{z_1} - 1\right)\left(\frac{x}{z_2} - 1\right) \dots \left(\frac{x}{z_a} - 1\right)$$

übereinstimmen, wo $z_1 z_2 \dots z_a$ die Wurzeln der Gleichung

$$a_0 x^a + a_1 x^{a-1} + \cdots + a_{a-1} x + a_a$$

bedeuten. Wird also x gleich einem der Werte $x_1 x_2 \dots x_a$ gesetzt, so muß

$$\left(\frac{x}{z_1} - 1\right)\left(\frac{x}{z_2} - 1\right) \cdots \left(\frac{x}{z_a} - 1\right)$$

sehr klein werden. Mithin muß einer der Faktoren dieses Produktes sehr klein werden, d. h. es muß der betreffende Wert von x bis auf einen relativ kleinen Betrag gleich einem der Werte $z_1 z_2 \dots z_a$ sein.

Andererseits stimmt für alle Werte von x, die klein sind gegen $x_1 \dots x_a$, der Wert von

$$\frac{a_0 x^n + a_1 x^{n-1} + \cdots + a_{n-1} x + a_n}{a_a x^{n-a}}$$

sehr nahe mit

$$\frac{a_a x^{n-a} + a_{a+1} x^{n-a+1} + \cdots + a_{n-1} x + a_n}{a_a x^{n-a}}$$

überein. Dieser Satz folgt sofort aus dem vorigen, wenn man die Veränderliche $t = x^{-1}$ einführt und die ganze Funktion

$$a_0 + a_1 t + a_2 t^2 + \cdots + a_{n-1} t^{n-1} + a_n t^n$$

betrachtet. Die Wurzeln

$$t_1 = x_1^{-1}, \dots t_a = x_a^{-1}$$

sind dann klein gegen die Wurzeln

$$t^{a+1} = x_{a+1}^{-1} \dots t_n = x_n^{-1}.$$

Es ergibt sich mithin, daß die Wurzeln $x_{a+1}, \dots x_n$ um relativ kleine Beträge von den Wurzeln der Gleichung

$$a_a x^{n-a} + a_{a+1} x^{n-a-1} + \cdots + a_n = 0$$

abweichen.

Man kann die beiden Sätze so zusammenfassen: Sind die Wurzeln $x_1 x_2 \dots x_n$ so in zwei Gruppen $x_1 x_2 \dots x_a$ und $x_{a+1} \dots x_n$ zerlegbar, daß die Werte der einen Gruppe groß gegen die Werte der andern Gruppe sind, so spaltet sich die Gleichung

$$a_0 x^n + a_1 x^{n-1} + \cdots + a_{n-1} x + a_n = 0$$

in die beiden:

$$a_0 x_a + a_1 x^{a-1} + \cdots + a_\alpha = 0,$$
$$a_\alpha x^{n-\alpha} + a_{\alpha+1} x^{n-\alpha-1} + \cdots + a_n = 0,$$

deren Wurzeln bis auf relativ kleine Beträge gleich den Wurzeln der beiden Gruppen sind. Es ist dabei nicht ausgeschlossen, daß unter den Wurzeln einer Gruppe zwei oder mehr als zwei den gleichen absoluten Betrag haben. Wenn sich die Wurzeln einer Gruppe abermals in zwei Gruppen zerlegen lassen, von denen wieder die einen groß gegen die andern sind, so spaltet sich auch die Gleichung wieder in zwei Gleichungen u. s. f. Wenn sich die n Wurzeln in n Gruppen zerlegen lassen, so ergeben sich die n linearen Gleichungen

$$a_0 x + a_1 = 0, \; a_1 x + a_2 = 0, \; \ldots, \; a_{n-1} x + a_n = 0,$$

die wir auf anderem Wege schon oben für diesen Fall abgeleitet hatten. Diese Betrachtungen gelten auch für komplexe Wurzeln. Hier tritt bei reellen Werten der Koeffizienten $a_0\, a_1 \ldots a_n$ immer der Fall ein, daß zwei Wurzeln, nämlich je zwei konjugierte, dem absoluten Betrage nach einander gleich sind. Man wird hier im allgemeinen in der Gleichung, deren Wurzeln hinreichend hohe Potenzen der ursprünglichen Wurzeln sind, ebenso viele Gruppen je zweier Wurzeln haben, als man Paare imaginärer Wurzeln hat. Die Gleichung zerfällt dann in so viele Gleichungen ersten Grades, als reelle Wurzeln vorhanden sind, und so viele Gleichungen zweiten Grades, als es Paare konjugierter Wurzeln gibt. Als Beispiel möge die Gleichung fünften Grades

$$7 x^5 + 5.47 x^3 - 3.33 x^2 - 1.72 x + 0.15 = 0$$

betrachtet werden.

$$\begin{aligned} \log 7 &= 0.845098 \\ \log 5.47 &= 0.737987 \\ \log 3.33 &= 0.522444 \\ \log 1.72_n &= 0.235528_n \\ \log 0.15_n &= 9.176091_n. \end{aligned}$$

Wir dividieren durch 7, um den Koeffizienten der höchsten Potenz gleich 1 zu machen, dann braucht die erste Kolonne nicht geführt zu werden. Die Koeffizienten sind dann

$$b_0 = 1, \; b_1 = 0, \; \log b_2 = 9.892889, \; \log b_3 = 9.677346,$$
$$\log b_4 = 9.390430_n, \; \log b_5 = 8.330993_n.$$

Bei den Logarithmen ist überall -10 zu ergänzen.

$$\begin{array}{ccccc} 0.193919_n & 9.785778 & 9.354692 & 8.780860 & 6.661986 \\ & 9.691460_n & 9.584349 & 8.309369 & \end{array}$$

Man schreibt sich die Logarithmen der doppelten Koeffizienten $2\,b_2$, $2\,b_3$ in einer Reihe auf einen Papierstreifen und hält diesen dann in der richtigen Lage unter die Reihe der Logarithmen von b, um so die Logarithmen der doppelten Produkte zu bilden. In diesem speziellen Fall, wo b_1 gleich Null ist, enthält keine der Kolonnen mehr als zwei Logarithmen. Bei den nächsten Schritten werden in zwei Kolonnen je drei Logarithmen vorkommen, die dann mit der Tabelle der Additionslogarithmen oder Subtraktionslogarithmen zu behandeln sind. Es ergeben sich für die Gleichung der Wurzelquadrate die Logarithmen der Koeffizienten:

$$0.193919_n \quad 9.076281 \quad 9.785557 \quad 8.907213 \quad 6.661986.$$

Der eine negative Koeffizient beweist, daß die ursprüngliche Gleichung nicht lauter reelle Wurzeln haben kann. Denn in der Reihe

$$c_0, \; -c_1, \; c_2, \; -c_3, \; c_4, \; -c_5$$

kommen nur drei Zeichenwechsel vor. Nach der Zeichenregel des Cartesius sind also unter den Wurzelquadraten höchstens 3 positiv. Es können daher unter den Wurzeln nicht mehr als drei reell sein.

Beim nächsten Schritt erhalten wir die Kolonnen

$$\begin{array}{ccccc} 0.387838 & 8.152562 & 9.571114 & 7.814426 & 3.323972 \\ 9.377311_n & 0.280506 & 8.284524_n & 6.748573_n & \\ & 9.208243 & 7.156935_n & & \end{array}$$

Die Logarithmen der Koeffizienten der Gleichung der vierten Potenzen werden:

$$0.343235, \; 0.318775, \; 9.546295, \; 7.775405-10, \; 3.323972-10.$$

Von hier ab ist die Charakteristik vollständig bezeichnet, um zu keinen Verwechselungen Anlaß zu geben.

$$\begin{array}{ccccc} 0.686470 & 0.637550 & 9.092590-10 & 5.550810-10 & 6.647944-20 \\ 0.619805_n & 0.190560_n & 8.395210_n-10 & 3.171297-10 & \\ & 8.076435-10 & 3.968237-10 & & \end{array}$$

Für die 8ten Potenzen ergeben sich daraus die Zahlen:

$$\begin{array}{ccccc} 9.839676-10 & 0.447423 & 8.995285-10 & 5.548994-10 \\ & & 6.647944-20 & \end{array}$$

für die 16ten Potenzen:

$$\begin{array}{cccc} 0.709736_n & 0.887216 & 7.981676-10 & 1.097984-10 \\ & & 3.295888-30 & \end{array}$$

Der letzte Koeffizient beeinflußt jetzt die vorhergehenden nicht mehr und auch der vorletzte beeinflußt die ihm vorhergehenden nicht mehr wesentlich. Man findet daher die absoluten Beträge zweier reeller Wurzeln:

3.295888—30	1.097984—10
1.097984—10	7.981676—10
2.197904—20	3.116308—10
16 | 14.197904—32 | 8.887369	16 | 9.116308—16 | 9.569769
num log 8.887369 = 0.077156	num log 9.569769 = 0.371338

Von hier ab können nun die letzten beiden Koeffizienten weggelassen werden, so daß man es nur noch mit drei Zahlen zu tun hat wie bei einer Gleichung dritten Grades. Für die 32ten Potenzen ergibt sich

1.035229 1.775149 5.963352—10

Jetzt spielt auch die dritte Zahl keine Rolle mehr und wir erhalten eine weitere Wurzel

5.963352—10
1.775149
4.188203—10
32 | 26.188203—32 | 9.818381
num log 9.818381 = 0.658235

Die übrigen beiden Wurzeln müssen konjugiert imaginär sein. Denn wir fanden schon oben, daß nicht mehr als drei Wurzeln reell sein können. Der absolute Betrag ergibt sich aus der zweiten Zahl 1.775149, die das Produkt der 32ten Potenzen der beiden konjugierten Wurzeln, also die 64te Potenz ihres absoluten Betrages darstellt. Der absolute Betrag ergibt sich daher:

64 | 1.775149 | 0.027737
$r = 1.065951$

Wir haben also das folgende Resultat

Absoluter Wurzelbetrag	Logarithmus
0.077156	8.887369
0.371338	9.569769
0.658235	9.818381
1.065951	0.027737
1.065951	0.027737
Summe:	8.330993

Es erübrigt nun noch die Vorzeichen der reellen Wurzeln und die beiden konjugierten Wurzeln zu finden. Nach der Zeichenregel des Cartesius hat die Gleichung eine und nur eine negative Wurzel. Zwei Wurzeln sind daher positiv. Welche von den Wurzeln negativ ist, erkennt man, indem man das Vorzeichen der linken Seite der Gleichung für einfache Werte von x, deren absoluter Betrag zwischen den gefundenen Werten liegt, bestimmt. Man setzt z. B. $x = -0.5$ ein und überzeugt sich sogleich, indem man den Wert in der oben beschriebenen Weise berechnet, daß die linke Seite negativ ist. Es liegt also zwischen -0.5 und 0 eine Wurzeln. Ferner setzt man $+ 0.2$ ein und findet, daß die linke Seite ebenfalls negativ ist und daher zwischen 0 und $+ 0.2$ auch eine Wurzel liegt. Das letzte verlangt, daß 0.077156 zu einer positiven Wurzel gehört, und das erste, daß die negative Wurzel zu einem der beiden Werte 0.077156 oder 0.371338 gehört. Folglich ist die negative Wurzel gleich $- 0.371338$ und die positiven Wurzeln $+ 0.077156$ und $+ 0.658235$.

Die Summe der beiden konjugierten Wurzeln ist gleich dem Doppelten ihres reellen Teils. Da nun der Koeffizient von x^4 Null ist und daher die Summe der Wurzeln verschwindet, so hat man für den reellen Teil u der beiden konjugierten Wurzeln die Gleichung

$$2\,u + 0.077156 - 0.371338 + 0.658235 = 0,$$

d. h.

$$\begin{aligned} 2\,u &= -0.364053 = 2\,r\cos\varphi \\ \log u &= 9.260135_n \\ \log r &= 0.027737 \\ \log\cos\varphi &= 9.232398_n \quad \varphi = \pm\, 99^0\ 49'\ 56''. \end{aligned}$$

Die beiden konjugierten Wurzeln sind demnach

$$r\,e^{\pm\varphi i}, \quad \text{wo } r = 1.06595, \quad \varphi = 99^0\ 49'\ 56''.$$

Will man eine vollständige Probe der Rechnung ausführen, so ist das Produkt der fünf linearen Faktoren

$$(x - r\,e^{\varphi i})\,(x - r\,e^{-\varphi i})\,(x - 0.658235)\,(x + 0.371338)\,(x - 0.077156)$$

oder

$$(x^2 + 0.364053\,x + 1.13625)\,(x - 0.658235)\,(x + 0.371338)\,(x - 0.077156)$$

zu bilden und mit der gegebenen Gleichung zu vergleichen. Es ergibt sich:

$$x^5 + 0.7814236\,x^3 - 0.4757220\,x^2 - 0.2457135\,x + 0.0214286\ ^{*}),$$

*) Das Ausmultiplizieren geschieht bequem mit der Rechenmaschine oder etwas weniger bequem mit der Rechentafel, indem man den ersten Faktor mit dem zweiten, das Resultat mit dem dritten u. s. w. multipliziert.

während die linke Seite der gegebenen Gleichung, nachdem durch den Koeffizienten der höchsten Potenz dividiert ist, gibt:

$$x^5 + 0.7814286\,x^3 - 0.4757143\,x^2 - 0.2457143\,x + 0.0214286.$$

Bezeichnet man das Produkt der gefundenen linearen Faktoren mit $\varphi(x)$, so läßt sich also die gegebene Gleichung in der Form ausdrücken:

$$\varphi(x) + (50\,x^3 + 77\,x^2 - 8\,x)\,10^{-7} = 0.$$

Nun kann man Korrektionen der Wurzeln berechnen, indem man die Gleichung durch vier von den linearen Faktoren dividiert und z. B. schreibt:

$$x - 0.658235 = -\frac{(50\,x^3 + 77\,x^2 - 8\,x)\,10^{-7}}{(x^2 + 0.364053\,x + 1.13625)\,(x + 0.371338)\,(x - 0.077156)}$$

Die rechte Seite ändert sich dann nur wenig mit x, wenn x nur wenig von 0.658235 verschieden ist, und daher ist die linke Seite sehr nahe gleich dem Wert, den man erhält, wenn man auf der rechten Seite für x den Wert 0.658235 einsetzt.

Die Berechnung wird nur auf wenige Stellen am besten mit dem Rechenschieber ausgeführt.

So ergibt sich

$$x - 0.658235 = -0.000004$$

und in ähnlicher Weise

$$x + 0.371338 = -0.000002$$
$$x - 0.077156 = +0.000000.$$

Auch die Korrekturen der komplexen Wurzeln kann man in derselben Weise berechnen. Und da die beiden Korrekturen einander konjugiert sein müssen, so braucht man nur eine zu berechnen. Die Rechnung geschieht ebenfalls bequem mit dem Rechenschieber und ergibt

$$x - r\,e^{\pm\varphi i} = (3 \pm i)\,10^{-6}.$$

Daraus:

$$d\,r = (3\cos\varphi + \sin\varphi)\,10^{-6} = 0.5 \times 10^{-6}$$
$$d\,\varphi = (\cos\varphi - 3\sin\varphi)\,\frac{10^{-6}}{r}\cdot\varrho'' = -0.6''.$$

Als Probe dafür, daß die Korrekturen richtig berechnet sind, kann man den Umstand benutzen, daß die Summe der fünf Wurzeln Null bleiben, also die Summe der Korrekturen verschwinden muß.

Die Gleichungen, der die Wurzelpotenzen genügen, lassen sich statt mit Additionslogarithmen auch mit der Rechenmaschine bequem bilden. Man rechnet dabei immer gleich den Wert einer Kolonne aus, ohne die einzelnen Glieder hinzuschreiben, da die Maschine die Addition der Quadrate und Produkte selbsttätig besorgt. Die sehr großen oder sehr kleinen Werte, die sich im Verlauf der Rechnung alsbald ergeben, schreibt man am besten als Produkt einer Zahl zwischen 1 und 10 mit einer positiven oder negativen Potenz von 10. Dabei braucht man nur den Exponenten von 10 anzumerken, etwa über der andern Zahl.

Sei z. B. die Gleichung gegeben:

$$3.22\,x^6 + 4.12\,x^4 + 3.11\,x^3 - 7.25\,x^2 + 1.88\,x - 7.84 = 0,$$

so daß sich für die oben S. 138 mit $b_0, b_1, b_2 \ldots b_6$ bezeichneten Größen die Werte

$$3.22,\; 0,\; 4.12,\; -3.11,\; -7.25,\; -1.88,\; -7.84$$

ergeben, so findet man für die Gleichung der Wurzelquadrate

$$\overset{1}{+1.0368},\quad \overset{1}{-2.6533},\quad \overset{1}{-2.9716},\quad \overset{2}{+1.1990},\quad \overset{1}{-2.3733},$$

$$\overset{2}{-1.1015},\quad \overset{1}{+6.1466}.$$

Die über den Dezimalbrüchen stehenden Zahlen bedeuten die Potenz von 10, mit der man sich die Dezimalbrüche multipliziert denken muß. Es sind also nichts anderes als die Charakteristiken ihrer Logarithmen. Zunächst wäre diese Schreibweise noch nicht notwendig. Sobald aber die Charakteristiken sehr groß werden, stellt sich die Notwendigkeit ein. Die beiden Zeichenfolgen zwischen der 2ten und 3ten und zwischen der 5ten und 6ten Zahl entsprechen zwei Zeichenwechseln in den eigentlichen Koeffizienten der Gleichung der Wurzelquadrate. Nach der Zeichenregel des Cartesius sind daher nicht mehr als zwei positive Wurzelquadrate, mithin nicht mehr als zwei reelle Wurzeln vorhanden. Das zeigt sich auch im weiteren Verlauf der Rechnung. Für die Gleichung der 128ten Potenzen erhält man

$$\overset{65}{1.013} + \overset{82}{3.051} + \overset{101}{2.081} + \overset{117}{1.125} + \overset{120}{8.179} - \overset{117}{2.912} + \overset{114}{2.968}$$

Hier haben sich die Wurzeln, deren absolute Beträge nicht die gleichen sind, schon in 4 Gruppen getrennt. Die drei ersten Koeffizienten

$$\overset{65}{1.013} \quad + \overset{82}{3.051} \quad + \overset{101}{2.081}$$

haben keinen Einfluß mehr auf die Bildung der übrigen, soweit sie hier berechnet werden. Ebenso trennen sich ab:

	101	117
	+ 2.081	+ 1.125
	117	120
	+ 1.125	+ 8.179
120	117	114
+ 8.179	— 2.912	+ 2.968

Nur der 3te Wert erfährt in den ersten 4 Ziffern beim nächsten Schritt noch eine kleine Änderung, weshalb es sich noch lohnt, für den dritten Koeffizienten allein noch einen Schritt weiter zu gehen und dann statt $\overset{101}{2.081}$ die Quadratwurzel aus dem neuen Wert $\overset{202}{4.324}$ zu setzen. Die beiden Gruppen von zwei Zahlen bestimmen die beiden reellen Wurzeln. Da nun die gegebene Gleichung in ihren Koeffizienten 3 Zeichenwechsel hat, so folgt aus der Zeichenregel des Cartesius, daß nur eine oder drei positive Wurzeln vorhanden sein können. Mithin muß von den beiden reellen Wurzeln die eine positiv, die andere negativ sein.

Es ergeben sich die beiden Werte

$$\frac{\sqrt[128]{1,125 \cdot 10^{117}}}{\sqrt[256]{4,324 \cdot 10^{202}}} = 1.32714$$

$$\sqrt[128]{\frac{8,179 \cdot 10^{120}}{1,125 \cdot 10^{117}}} = 1.07193.$$

Welcher von diesen beiden Werten positiv und welcher negativ zu setzen ist, erfährt man, indem man einen Zwischenwert z. B. 1,2 für x in die gegebene Gleichung einsetzt und das Vorzeichen der linken Seite bestimmt. Mit dem Rechenschieber hat man in der oben beschriebenen Weise:

$$\begin{array}{lllllll} 3.22 & 0 & +4.12 & +3.11 & -7.25 & +1.88 & -7.84 \\ & +3.86 & +4.64 & +10.5 & +16.3 & +10.8 & +15.2 \\ \hline & +3.86 & +8.76 & +13.6 & +9.0 & +12.7 & +7.4 = f(1.2). \end{array}$$

Das positive Zeichen besagt, daß zwischen $x = 0$ und $x = 1.2$ eine positive Wurzel liegt. Daher sind die beiden reellen Wurzeln

$$+ 1.07193 \text{ und } - 1.32714.$$

Die beiden Gruppen von je drei Zahlen entsprechen den beiden Paaren konjugierter Wurzeln. Ihre absoluten Beträge sind

$$\frac{\sqrt[512]{4,324 \cdot 10^{202}}}{\sqrt[256]{1,013 \cdot 10^{65}}} = 1.38626$$

$$\sqrt[256]{\frac{2,968 \cdot 10^{114}}{8,179 \cdot 10^{120}}} = 0.94372.$$

Die konjugierten Wurzeln selbst findet man aus der Summe der 6 Wurzeln und der Summe ihrer reziproken Werte. Die Summe der 6 Wurzeln ist für die gegebene Gleichung gleich Null. Die Summe ihrer reziproken Werte ergibt sich aus den beiden letzten Koeffizienten gleich

$$+\frac{1.88}{7.84}.$$

Bezeichnen u_1 und u_2 die reellen Teile der beiden komplexen Wurzelpaare und r_1 und r_2 ihre absoluten Beträge, so ist die Summe der 4 komplexen Wurzeln gleich

$$2\,u_1 + 2\,u_2$$

und die Summe ihrer reziproken Werte gleich

$$\frac{2\,u_1}{r_1^2} + \frac{2\,u_2}{r_2^2}.$$

Da nun die übrigen beiden Wurzeln sowie r_1 und r_2 bekannt sind, so erhält man für u_1 und u_2 zwei lineare Gleichungen

$$2\,u_1 + 2\,u_2 = 0.25521$$
$$\frac{2\,u_1}{r_1^2} + \frac{2\,u_2}{r_2^2} = 0.06040,$$

aus denen $u_1 = +\,0.18769$ $u_2 = -\,0.06009$ gefunden wird. Die imaginären Teile $v_1\,i$ und $v_2\,i$ sind dann aus

$$v_1 = \sqrt{r_1^2 - u_1^2} \quad v_2 = \sqrt{r_2^2 - u_2^2}$$

zu berechnen. So ergeben sich die beiden Paare

$$0.18769 \pm 1.37350\,i \text{ und } -0{,}06009 \pm 0.94181\,i.$$

Die Probe kann in derselben Weise wie oben ausgeführt werden. Man bildet mit den gefundenen Wurzelwerten das Produkt der linearen Faktoren, wobei zwei konjugierte Wurzeln gleich in einem Faktor zweiten Grades vereinigt werden.

So ergibt sich:

$$3{,}22\,(x + 1.32714)\,(x - 1.07193)\,(x^2 - 0.37538\,x + 1.92172)$$
$$(x^2 + 0.12018\,x + 0{,}89061) = 3.22\,x^6 + 0.000032\,x^5 + 4.119945\,x^4$$
$$+ 3.110212\,x^3 - 7.249904\,x^2 + 1.879964\,x - 7.840012,$$

während die linke Seite der gegebenen Gleichung war:

$$3.22\,x^6 + 4.12\,x^4 + 3.11\,x^3 - 7.25\,x^2 + 1.88\,x - 7.84.$$

Bezeichnet man das Produkt der gefundenen Faktoren mit $\varphi\,(x)$, so kann man die gegebene Gleichung daher in die Form bringen:

$$\varphi\,(x) = (32\,x^5 - 55\,x^4 + 212\,x^3 + 96\,x^2 - 36\,x - 12)\,10^{-6}.$$

Dividiert man hier beide Seiten durch das Produkt aller Faktoren außer einem, so erhält man auf der linken Seite eine Funktion ersten Grades, auf der rechten Seite eine gebrochene Funktion, die sich nur langsam mit x ändert, wenn die linke Seite sehr klein ist.

Hieraus findet man eine Verbesserung des betreffenden Wurzelwertes, in dem man ihn auf der rechten Seite für x einsetzt. Dabei braucht man natürlich nur wenige Stellen zu berücksichtigen. Die Verbesserung von $x = -1.32714$ z. B. wird mit dem Rechenschieber so gefunden. Man berechnet zunächst $(32\,x^5 - 55\,x^4 + 212\,x^3 + 96\,x^2 - 36\,x - 12)\,10^{-6}$ für $x = -1.327$:

$$\begin{array}{rrrrrr} 32 & -55 & +212 & +96 & -36 & -12 \\ & -42{,}5 & +129 & -453 & +474 & -581 \\ \hline & -97.5 & +341 & -357 & +438 & -593 \end{array}$$

Das ergibt -59.10^{-5}. Dann berechnet man das Produkt

$$3.22\,(x - 1.07193)\,(x^2 - 0.37538\,x + 1.92172)$$
$$(x^2 + 0.12018\,x + 0{,}89061)$$

für $x = -1.327$:

$$\begin{array}{rrr} 1 & -0.375 & +1.92 \\ & -1.327 & +2.26 \\ \hline & -1.70 & +4.18 \end{array} \qquad \begin{array}{rrr} 1 & 0.120 & +0.89 \\ & -1.327 & +1.60 \\ \hline & -1.207 & +2.49 \end{array}$$

$$-3{,}22 \,.\, 2{,}40 \,.\, 4{,}18 \,.\, 2{,}49 = -80.$$

Die Korrektion der Wurzel wäre danach

$$+\frac{59}{80} \cdot 10^{-5} = +7 \cdot 10^{-6}.$$

In derselben Weise ergibt sich, daß der Wurzelwert 1.07193 um etwa 6 Einheiten der sechsten Stelle zu klein ist.

Will man die komplexen Wurzeln auf ähnliche Weise kontrollieren, so kann man das auch etwas anders ausführen, als es oben auseinandergesetzt wurde. Man kann dabei nämlich auch im Gebiete der reellen Zahlen bleiben und die Verbesserungen der Koeffizienten für je einen der Faktoren zweiten Grades suchen, die den konjugierten Paaren entsprechen. Man dividiert die Gleichung

$$\varphi(x) = (32\,x^5 - 55\,x^4 + 212\,x^3 + 96\,x^2 - 36\,x - 12)\,10^{-6}$$

auf beiden Seiten durch alle Faktoren mit Ausnahme eines der beiden Faktoren zweiten Grades und erhält z. B.:

$$x^2 - 0.37538\,x + 1.92172$$
$$= \frac{32\,x^5 - 55\,x^4 + 212\,x^3 + 96\,x^2 - 36\,x - 12}{3{,}22\,(x + 1.327)\,(x - 1.072)\,(x^2 + 0.12\,x + 0.89)} \cdot 10^{-6}.$$

Anstatt nun auf der rechten Seite für x eine der beiden konjugierten Wurzeln einzusetzen, die dem Faktor zweiten Grades entsprechen. kann man die reelle lineare Funktion

$$\alpha x + \beta$$

berechnen, welche für die beiden konjugierten Wurzeln mit der rechten Seite übereinstimmt. Dann sind $-\alpha$ und $-\beta$ die Verbesserungen der Koeffizienten des Faktors zweiten Grades, der dann also die verbesserte Form annimmt:

$$x^2 - (0.37538 + \alpha)\, x + 1.92172 - \beta.$$

Um α und β zu finden, reduziert man zunächst Zähler und Nenner modulo $x^2 - 0.37538\, x + 1.92172$, d. h. man dividiert durch den Faktor zweiten Grades und bestimmt den Rest. Die Rechnung wird auf wenige Stellen am besten mit dem Rechenschieber ausgeführt.

$$\begin{array}{rrrrrr}
32 & -55 & +212 & 96 & -36 & -12 \\
 & -12 & +62 & & & \\ \hline
 & -43 & +150 & & & \\
 & & +16 & -83 & & \\ \hline
 & & +134 & 179 & & \\
 & & & -50 & +258 & \\ \hline
 & & & 229 & -294 & \\
 & & & & -86 & +441 \\ \hline
 & & & & -208 & -453
\end{array}$$

Der Zähler stimmt also, wenn x gleich einer der beiden konjugierten Wurzeln gesetzt wird, mit

$$(-208\, x - 453)\, 10^{-6}$$

überein.

Im Nenner reduziert man erst das Produkt

$$(x + 1.327)\,(x - 1.072) = x^2 + 0.255\, x - 1.42$$

$$\begin{array}{rrr}
1 & +0.255 & -1.42 \\
 & -0.375 & +1.92 \\ \hline
 & +0.63 & -3.34
\end{array}$$

dann den Faktor $x^2 + 0.12\, x + 0.89$

$$\begin{array}{rrr}
1 & +0.12 & +0.89 \\
 & -0.38 & +1.92 \\ \hline
 & +0.50 & -1.03
\end{array}$$

Die beiden reduzierten Faktoren ersten Grades werden miteinander multipliziert und das Produkt wieder reduziert

	0.315	— 1.67	
		— 0.65	+ 3.44
Produkt:	0.315	— 2.32	+ 3.44
		— 0.12	+ 0.60
		— 2.20	+ 2.84

Das reduzierte Produkt ist dann noch mit 3.22 zu multiplizieren und gibt

$$-7.1\,x + 9.1$$

Die rechte Seite stimmt danach für die beiden konjugierten Wurzelwerte mit

$$\frac{21\,x + 45}{7{,}1\,x - 9{,}1} \cdot 10^{-5} \quad \text{oder} \quad \left(3.0 + \frac{72}{7.1\,x - 9.1}\right) 10^{-5}$$

überein.

Um nun noch den Nenner wegzuschaffen, dividiert man $x^2 - 0.37538\,x + 1.92172$ durch $7.1\,x - 9.1$

1	— 0.38	+ 1.92	0.14 x + 0.13,
	— 1.28		
	+ 0.90		
		— 1.15	
		+ 3.07	

d. h. es ist:

$$\frac{x^2 - 0.38\,x + 1.92}{7.1\,x - 9.1} = 0.14\,x + 0.13 + \frac{3.07}{7.1\,x - 9.1}.$$

Für die beiden konjugierten Werte ist also

$$\frac{3.07}{7.1\,x - 9.1} = -0.14\,x - 0.13,$$

daher

$$\frac{72}{7.1\,x - 9.1} = -3.3\,x - 3.0.$$

Als Resultat der ganzen Reduktion ergibt sich also

$$-3.3\,x\,10^{-5},$$

so daß der Faktor zweiten Grades verbessert lautet:

$$x^2 - 0.37535\,x + 1.92172.$$

Die analoge Rechnung für das zweite Paar konjugierter Wurzeln liefert

$$+3\,x \cdot 10^{-5},$$

so daß hier der Faktor zweiten Grades verbessert lautet:

$$x^2 + 0.12015\,x + 0.89061.$$

Hat man es mit einer Gleichung zu tun, bei der mehr als zwei Paare konjugierter Wurzeln vorkommen, so findet man zwar die absoluten Beträge in derselben Weise wie bei einem oder zwei Paaren konjugierter Wurzeln, um aber auch die reellen und imaginären Teile zu berechnen, kann man den folgenden Weg einschlagen. Es werde der Grad der gegebenen Gleichung als gerade und gleich $2\,m$ vorausgesetzt. Eine Gleichung von ungeradem Grade kann man sich mit x multipliziert denken, um sie in eine Gleichung geraden Grades zu verwandeln. Die Gleichung werde dann durch die Division mit x^m auf die Form gebracht:

$$b_0\, x^m - b_1\, x^{m-1} + b_2\, x^{m-2} - \cdots + b_{2m}\, x^{-m} = 0.$$

Indem man nun $x = r\, e^{\varphi i}$ setzt und den reellen und imaginären Teil für sich gleich Null macht, ergeben sich die beiden Gleichungen:

$$\begin{aligned} &\alpha_0 \cos m\,\varphi - \alpha_1 \cos(m-1)\,\varphi + \cdots \pm \alpha_m = 0 \\ &\beta_0 \sin m\,\varphi - \beta_1 \sin(m-1)\,\varphi + \cdots \pm \beta_{m-1} \sin\varphi = 0, \end{aligned}$$

wo zur Abkürzung gesetzt ist:

$$\begin{aligned} \alpha_0 &= b_0\, r^m + b_{2m}\, r^{-m} & \beta_0 &= b_0\, r^m - b_{2m}\, r^{-m} \\ \alpha_1 &= b_1\, r^{m-1} + b_{2m-1}\, r^{-m+1} & \beta_1 &= b_1\, r^{m-1} - b_{2m-1}\, r^{-m+1} \\ &\vdots & &\vdots \\ \alpha_{m-1} &= b_{m-1}\, r + b_{m+1}\, r^{-1} & \beta_{m-1} &= b_{m-1}\, r - b_{m+1}\, r^{-1} \\ & & \alpha_m = b_m. & \end{aligned}$$

Die Größen α und β können mit Hülfe des für r gefundenen Wertes berechnet werden. Setzt man nun $\cos\varphi = t$, so lassen sich $\cos 2\,\varphi$, $\cos 3\,\varphi$, $\ldots \cos m\,\varphi$ und ebenso $\frac{\sin 2\,\varphi}{\sin\varphi}, \frac{\sin 3\,\varphi}{\sin\varphi}, \ldots, \frac{\sin m\,\varphi}{\sin\varphi}$ als ganze Funktionen von t ausdrücken. Es liefern dann jene beiden Gleichungen zwei Gleichungen für t, von denen die eine vom m^{ten}, die andere vom $m-1^{\text{ten}}$ Grade ist. Die gemeinsame Wurzel der beiden Gleichungen ergibt sich eindeutig durch das Verfahren des gemeinsamen Teilers.

So hat man z. B.

$$\begin{aligned} \cos 2\,\varphi &= 2\,t^2 - 1 & \frac{\sin 2\,\varphi}{\sin\varphi} &= 2\,t \\ \cos 3\,\varphi &= 4\,t^3 - 3\,t & \frac{\sin 3\,\varphi}{\sin\varphi} &= 4\,t^2 - 1 \\ \cos 4\,\varphi &= 8\,t^4 - 8\,t^2 + 1 & \frac{\sin 4\,\varphi}{\sin\varphi} &= 8\,t^3 - 4\,t \\ \cos 5\,\varphi &= 16\,t^5 - 20\,t^3 + 5\,t & \frac{\sin 5\,\varphi}{\sin\varphi} &= 16\,t^4 - 12\,t^2 + 1 \end{aligned}$$

Bei einer Gleichung 6ten Grades würden die beiden Gleichungen für t lauten:

$$\begin{aligned} &\alpha_0 (4t^3 - 3t) - \alpha_1 (2t^2 - 1) + \alpha_2 t - \alpha_3 = 0 \\ &\beta_0 (4t^2 - 1) - \beta_1 2t \qquad\qquad + \beta_2 \qquad = 0 \end{aligned}$$

oder nach Potenzen von t geordnet:

$$\begin{aligned} &\gamma_0 t^3 + \gamma_1 t^2 + \gamma_2 t + \gamma_3 = 0 \\ &\delta_0 t^2 + \delta_1 t \;\, + \delta_2 \qquad\quad = 0. \end{aligned}$$

Multipliziert man die zweite Gleichung mit $\frac{\gamma_0}{\delta_0} t$ und zieht sie von der ersten ab, so ergibt sich

$$\left(\gamma_1 - \frac{\gamma_0 \delta_1}{\delta_0}\right) t^2 + \left(\gamma_2 - \frac{\gamma_0 \delta_2}{\delta_0}\right) t + \gamma_3 = 0,$$

die in der Form

$$\gamma_1' t^2 + \gamma_2' t + \gamma_3 = 0$$

geschrieben werden möge. Multipliziert man abermals die Gleichung $\delta_0 t^2 + \delta_1 t + \delta_2 = 0$ mit $\frac{\gamma_1'}{\delta_0}$ und zieht sie von der letzten Gleichung ab, so ergibt sich für t eine Gleichung ersten Grades.

Eine andere Art, die komplexen Wurzeln zu berechnen, besteht darin, daß man in der gegebenen Gleichung $g(x) = 0$ die linke Seite nach Potenzen von h entwickelt, wo $h = x - p$ und p eine beliebig angenommene Größe ist. Wendet man nun das auseinandergesetzte Verfahren auf die Gleichung in h an, so ergeben sich für die komplexen Wurzeln die absoluten Beträge von $|x - p|$. Sind die absoluten Beträge $|x|$ für die komplexen Wurzeln schon bekannt, so sind geometrisch gesprochen die komplexen Wurzeln als Durchschnittspunkte von Kreisen bestimmt. Diese Bestimmung ist zwar nicht eindeutig, aber unter den verschiedenen möglichen Systemen kann man das richtige dadurch auswählen, daß man die Summe aller Wurzeln kennt. So möge z. B. in der oben behandelten Gleichung

$$3.22\,x^6 + 4.12\,x^4 + 3.11\,x^3 - 7.25\,x^2 + 1.88\,x - 7.84 = 0$$

die Entwickelung nach Potenzen von $h = x + 1$ vorgenommen und die Wurzeln h nach dem beschriebenen Verfahren berechnet werden.

$$
\begin{array}{l|rrrrrr}
3.22 & 0.00 & +\;4.12 & +\;3.11 & -\;7.25 & +\;1.88 & -\;7.84 \\
 & -\;3.22 & +\;3.22 & -\;7.34 & +\;4.23 & +\;3.02 & -\;4.90 \\
\hline
 & -\;3.22 & +\;7.34 & -\;4.23 & -\;3.02 & +\;4.90 & -\;12.74 \\
 & -\;3.22 & +\;6.44 & -\;13.78 & +\;18.01 & -\;14.99 & \\
\hline
 & -\;6.44 & +\;13.78 & -\;18.01 & +\;14.99 & -\;10.09 & \\
 & -\;3.22 & +\;9.66 & -\;23.44 & +\;41.45 & & \\
\hline
 & -\;9.66 & +\;23.44 & -\;41.45 & +\;56.44 & & \\
 & -\;3.22 & +\;12.88 & -\;36.32 & & & \\
\hline
 & -\;12.88 & +\;36.32 & -\;77.77 & & & \\
 & -\;3.22 & +\;16.10 & & & & \\
\hline
 & -\;16.10 & +\;52.42 & & & & \\
 & -\;3.22 & & & & & \\
\hline
 & -\;19.32 & & & & &
\end{array}
$$

$$
3.22\,h^6 - 19.32\,h^5 + 52.42\,h^4 - 77.77\,h^3 + 56.44\,h^2 - 10.09\,h - 12.74 = 0.
$$

Man rechnet nun wie oben und findet zunächst, daß bei der Gleichung der 16ten Wurzelpotenzen sich die kleinste Wurzel abtrennt, deren absoluter Betrag sich gleich

$$0.327132$$

ergibt. Bei der Gleichung der 64ten Wurzelpotenzen trennt sich das nächste Paar konjugierter Wurzeln ab. Das Quadrat des absoluten Betrages ergibt sich gleich

$$1.77040.$$

Bei der Gleichung der 128ten Wurzelpotenzen endlich trennt sich das andere Paar konjugierter Wurzeln und die andere reelle Wurzel ab. Das Quadrat des absoluten Betrages der konjugierten Wurzeln ergibt sich gleich

$$3.29715$$

und der absolute Betrag der reellen Wurzel gleich

$$2.07195.$$

In Verbindung mit den oben ermittelten absoluten Beträgen der Wurzeln der ursprünglichen Gleichung in x:

$$
\begin{array}{c}
1.07193 \\
1.32714
\end{array}
$$

für die reellen Wurzeln und

$$
\begin{array}{c}
1.92172 \\
0.89061
\end{array}
$$

für die Quadrate der absoluten Beträge der konjugierten Wurzeln ergeben sich nun die Wurzeln x selbst durch die Bemerkung, daß die Wurzeln h um eine Einheit größer sein müssen als die Wurzeln x. Daher hat man zunächst für die reellen Wurzeln

$$+ 1.07193 \text{ und } - 1.32714.$$

Denn mit anderen Vorzeichen würden sie nicht bei Vermehrung um eine Einheit die absoluten Beträge

$$0.327132 \text{ und } 2.07195$$

annehmen. Zweitens ergeben sich nun auch die reellen Teile der konjugierten Wurzeln. Denn wenn $x = u + v\,i$ gesetzt wird, so hat man erstens

$$u^2 + v^2 = 0{,}89061 \text{ oder } 1.92172$$

und zweitens

$$(u + 1)^2 + v^2 = 1.77040 \text{ odes } 3.29715.$$

Das sind zwei Möglichkeiten, entweder

$$\begin{aligned} u^2 + v^2 &= 0.89061 \\ (u + 1)^2 + v^2 &= 1.77040 \end{aligned} \quad \text{und} \quad \begin{aligned} u^2 + v^2 &= 1.92172 \\ (u + 1)^2 + v^2 &= 3.29715 \end{aligned}$$

oder

$$\begin{aligned} u^2 + v^2 &= 0.89061 \\ (u + 1)^2 + v^2 &= 3.29715 \end{aligned} \quad \text{und} \quad \begin{aligned} u^2 + v^2 &= 1.92172 \\ (u + 1)^2 + v^2 &= 1.77040. \end{aligned}$$

Die erste Möglichkeit liefert durch Subtraktion je zweier untereinanderstehender Gleichungen die beiden Werte:

$$2\,u + 1 = 0.87979 \text{ und } 2\,u + 1 = 1.37543,$$

d. i.

$$2\,u = - 0.12021 \text{ und } 2\,u = 0.37543.$$

Die andere Möglichkeit liefert:

$$2\,u + 1 = 2.40654 \text{ und } 2\,u + 1 = - 0.84868,$$

d. i.

$$2\,u = 1.40654 \text{ und } 2\,u = - 1.84868.$$

Da die Summe der 6 Wurzeln Null sein muß und die beiden reellen Wurzeln zusammen $- 0.25521$ geben, so müssen die beiden Werte von $2\,u$ zusammen gleich $+ 0.25521$ sein. Die erste Möglichkeit trifft daher zu bis auf den kleinen Fehler in der fünften Stelle, während die zweite Möglichkeit ausgeschlossen ist. So ergeben sich also die beiden Faktoren zweiten Grades:

$$x^2 + 0.12021\,x + 0.89061 \text{ und } x^2 - 0.37543\,x + 1.92172,$$

die bis auf wenige Einheiten der fünften Dezimale mit den oben ermittelten Werten übereinstimmen.

§ 22. Der Sturmsche Satz.

Es kann unter Umständen wichtig sein, über die Anzahl der reellen und komplexen Wurzeln einer Gleichung von vornherein einen Aufschluß zu erhalten, ohne die Wurzeln selbst zu ermitteln. Es wurden oben schon einige Anzeichen angegeben, durch die man eine obere Grenze für die Anzahl der reellen Wurzeln findet. Vollständig wird die Frage durch den Sturmschen Satz beantwortet.

Es sei $g(x) = 0$ die vorgelegte Gleichung

$$g(x) = a_0 x^n + a_1 x^{n-1} + a_2 x^{n-2} + \cdots + a_{n-1} x + a_n.$$

Man bildet die Ableitung

$$g'(x) = n\, a_0 x^{n-1} + (n-1)\, a_1 x^{n-2} + \cdots + a_{n-1}$$

und wendet auf $g(x)$ und $g'(x)$ das Verfahren des gemeinsamen Teilers an. Zu dem Ende multipliziet man $g'(x)$ mit $\frac{x}{n}$ und zieht das Produkt Glied für Glied von $g(x)$ ab. Der Rest enthält dann die n^{te} Potenz von x nicht mehr:

$$a_1' x^{n-1} + a_2' x^{n-2} + \cdots + a'_{n-1} x + a_n$$

Ist a_1' von Null verschieden, so multipliziert man $g'(x)$ mit $\frac{a_1'}{n\, a_0}$ und zieht das Produkt von dem eben erhaltenen Rest ab. Der neue Rest wird dann auch die $n-1^{\text{te}}$ Potenz von x nicht mehr enthalten. Er werde mit $-r_1$ bezeichnet. Ist a_1' gleich Null, so soll schon der esrte Rest mit $-r_1$ bezeichnet werden. Im allgemeinen genügt es für die Zwecke, die man hier verfolgt, die Rechnungen auf wenige Stellen auszuführen, so daß die Genauigkeit des Rechenschiebers ausreicht. Dadurch läßt sich das Verfahren, wie unten an einem Beispiel gezeigt wird, mit geringer Mühe ausführen.

Nach der Definition von r_1 hat man

$$g(x) = q_1\, g'(x) - r_1,$$

wo q_1 den Quotienten der Division $\frac{g(x)}{g'(x)}$ und $-r_1$ den Rest bezeichnet, der nach der Definition von niedrigerem Grade ist als $g'(x)$. Indem man jetzt mit $g'(x)$ und r_1 ebenso verfährt, wie mit $g(x)$ und $g'(x)$, erhält man eine zweite Gleichung:

$$g'(x) = q_2\, r_1 - r_2,$$

wo r_2 wieder von niedrigerem Grade ist als r_1. So fortfahrend ergibt sich eine Kette von Gleichungen:

$$r_1 = q_3 r_2 - r_3$$
$$r_2 = q_4 r_3 - r_4$$
$$\vdots \qquad \vdots$$
$$r_{\nu-2} = q_\nu r_{\nu-1} - r_\nu.$$

Da der Grad der ganzen Funktionen $r_1\, r_2\, r_3 \ldots$ sich beständig erniedrigt, so muß das Verfahren ein Ende haben. Wenn $g\,(x)$ und $g'\,(x)$ keinen gemeinsamen Teiler haben, so wird man schließlich auf einen Rest $-r_n$ stoßen, der von x unabhängig und gleich einem von Null verschiedenen Wert ist. Wenn dagegen $g\,(x)$ und $g'\,(x)$ einen gemeinsamen Teiler besitzen, so muß das Verfahren auf diesen gemeinsamen Teiler führen. Denn ein gemeinsamer Teiler von $g\,(x)$ und $g'\,(x)$ muß nach der Gleichung

$$g\,(x) = q_1\, g'\,(x) - r_1$$

auch ein Teiler von r_1 und daher nach der Gleichung

$$g'\,(x) = q_2\, r_1 - r_2$$

auch ein Teiler von r_2 sein u. s. w. von $r_3\, r_4 \ldots$ Nun muß man schließlich auf ein r_ν stoßen, das ein Teiler des vorhergehenden $r_{\nu-1}$ ist. Dieses r_ν ist dann der größte gemeinsame Teiler von $g\,(x)$ und $g'\,(x)$. Es werde hier vorausgesetzt, daß $g\,(x)$ und $g'\,(x)$ keinen gemeinsamen Teiler besitzen. Die Reihe der Funktionen

$$g\,(x),\ g'\,(x),\ r_1,\ r_2, \ldots r_\nu$$

gibt nun Aufschluß über die Anzahl der reellen Wurzeln. Zunächst bemerke man, daß r_ν von x unabhängig ist und also für alle Werte von x ein und dasselbe Vorzeichen behält. Die anderen Glieder der Reihe können, wenn man x sich kontinuierlich ändern läßt, ihr Vorzeichen ändern, indem sie durch Null hindurchgehen. Wenn nun eine der Funktionen $g'\,(x)$, $r_1, r_2, \ldots, r_{\nu-1}$ verschwindet, so haben die beiden benachbarten Glieder notwendigerweise entgegengesetzte Vorzeichen. Denn es ist z. B. für $g'\,(x) = 0$

$$g\,(x) = -r_1$$

oder für $r_1 = 0$

$$g'\,(x) = -r_2$$

u. s. w.

Daher kann die Anzahl der Zeichenwechsel in dieser Reihe sich nur dadurch ändern, daß $g\,(x)$ verschwindet. Denn beim Verschwinden einer der Glieder $g'\,(x)$, $r_1, r_2, \ldots r_{\nu-1}$ haben jedesmal die benachbarten Größen entgegengesetztes Zeichen, und es enthalten daher die drei Glieder, das verschwindende und die beiden benachbarten, vor dem Verschwinden wie nach dem Verschwinden notwendig einen und nur einen Zeichenwechsel, gleichgültig, ob das verschwindende Glied vom Positiven zum Negativen oder vom Negativen zum Positiven übergeht. Verschwindet dagegen $g(x)$, so ändert sich die Anzahl der Zeichenwechsel jedesmal um eine Einheit, und zwar vermindert sie sich, wenn x wächst. Denn $g(x)$ und $g'(x)$ können nicht gleichzeitig verschwinden. Sonst müßten ja an derselben Stelle auch $r_1\, r_2 \ldots r_\nu$ verschwinden, was ausgeschlossen ist, wenn kein gemeinsamer Teiler vorhanden ist. Ist nun $g'(x)$ positiv, so wächst $g(x)$ mit wachsendem x, geht also beim Verschwinden vom Negativen zum Positiven über. Ist $g'(x)$ dagegen negativ, so nimmt $g(x)$ mit wachsendem x ab, geht also beim Verschwinden vom Positiven zum Negativen über. In beiden Fällen vermindert sich mit wachsendem x die Anzahl der Zeichenwechsel um eine Einheit. Um daher zu erfahren, wie viel reelle Wurzeln zwischen zwei Größen a und b liegen, hat man nur nötig, die Zeichenwechsel zu zählen, welche die Reihe für $x = a$ und für $x = b$ enthält. Die Differenz ist gleich der Anzahl der reellen Wurzeln zwischen a und b. Läßt man a weit nach $-\infty$ und b weit nach $+\infty$ rücken, so überwiegen in allen ganzen Funktionen die Glieder, welche die höchste Potenz von x enthalten. Die Koeffizienten der höchsten Potenzen von x bestimmen daher die Anzahl der sämtlichen reellen Wurzeln der Gleichung.

Die Rechnung braucht offenbar nur so weit durchgeführt zu werden, daß man die Vorzeichen der Funktionen mit Sicherheit bestimmen kann. Nur wenn eine der Funktionen sehr klein würde, könnte dies eine ausführlichere Rechnung verlangen. Diese wäre aber auch nur dann nötig, wenn die beiden benachbarten das gleiche Zeichen hätten; denn im andern Falle ist ja das Vorzeichen des betreffenden Gliedes für die Anzahl der Zeichenwechsel gleichgültig.

Es möge die auf S. 82 angegebene Gleichung

$$5.47\, x^5 - 3.38\, x^4 + 2.57\, x^3 + 10.11\, x^2 - 6.23\, x + 5.43 = 0$$

untersucht werden.

$$g'(x) = 27.4\, x^4 - 13.5\, x^3 + 7.71\, x^2 + 20.22\, x - 6.23$$

$$\begin{array}{rrrrrr}
5.47, & -3.38, & +2.57, & +10.11, & -6.23, & +5.43 \\
 & +2.69 & -1.54 & -4.03 & +1.24 & \\
\hline
 & -0.69 & +1.03 & +6.08 & -4.99 & \\
 & & -0.34 & +0.19 & +0.51 & -0.16 \\
\hline
 & & +0.69 & +6.27 & -4.48 & +5.27
\end{array}$$

Auf dem Rechenschieber sind zunächst 5.47 und 27.4 einander gegenübergestellt. Dann stehen sich bei derselben Stellung des Schiebers gegenüber 2.69 und 13.5, 1.54 und 7.71, 4.03 und 20.22, 1.24 und 6.23. Die Zahlen 2.69, 1.54, 4.03, 1.24 werden dann mit dem richtigen Zeichen unter die betreffenden Koeffizienten von $g(x)$ gesetzt und zu ihnen hinzugefügt. Dann stellt man ebenso auf dem Rechenschieber 0.69 und 27.4 einander gegenüber u. s. w. So ergibt sich

$$r_1 = -0.69\,x^3 - 6.27\,x^2 + 4.48\,x - 5.27.$$

Dieselbe Rechnung wird nun mit $g'(x)$ und r_1 fortgesetzt.

$$\begin{array}{rrrrrr}
r_1 = & -0.69 & -6.27 & +4.48 & -5.27 & \\
g'(x) = & 27.4 & -13.5 & +7.71 & +20.22 & -6.23 \\
 & & -249 & +178 & -209 & \\
\hline
 & & -262 & +186 & -189 & \\
 & & & +2380 & -1700 & +2000 \\
\hline
 & & & 2566 & -1889 & 1994
\end{array}$$

$$r_2 = (-257\,x^2 + 189\,x - 199)\,10\ ^{*)}.$$

In diesem Falle braucht man nicht weiter zu rechnen. Denn man erkennt sogleich, daß die Gleichung zweiten Grades:

$$r_2 = 0$$

keine reellen Wurzeln besitzt, und daß mithin r_2 für alle reellen Werte von x dasselbe Zeichen besitzt. Daher braucht man nur die Zeichenwechsel in der Reihe

$$g(x)\; g'(x)\; r_1\; r_2$$

zu betrachten, um die Anzahl der reellen Wurzeln von $g(x)$ zu erfahren. Denn r_2 verschwindet nicht, und beim Verschwinden von $g'(x)$ und r_1 ändert sich die Anzahl der Zeichenwechsel nicht.

Für $x = -\infty$ erhält man die Vorzeichen:

$$- + + - \text{ (2 Zeichenwechsel)},$$

für $x = +\infty$:

$$+ + - - \text{ (1 Zeichenwechsel)}.$$

Die Gleichung besitzt daher eine und nur eine reelle Wurzel.

Für $x = 0$ erhält man die Vorzeichen

$$+ - - - \text{ (1 Zeichenwechsel)}.$$

Die Wurzel ist mithin negativ.

Als zweites Beispiel möge die oben S. 93 aufgestellte Gleichung

$$7\,x^5 - 5.47\,x^3 + 3.33\,x^2 + 1.72\,x - 0.15 = 0$$

behandelt werden.

*) Es sind nur etwa die ersten zwei Stellen der Koeffizienten richtig, was für die folgenden Schlüsse ausreicht.

$$\begin{array}{llllllll}
g'(x): & 35 & 0 & -16.4 & +6.66 & +1.72 & \\
 & 7 & 0 & -5.47 & +3.33 & +1.72 & -0.15 \\
 & & & +3.28 & -1.33 & -0.34 & \\
\hline
 & & & -2.19 & +2.00 & +1.38 & -0.15
\end{array}$$

$$r_1 = +2.19\,x^3 - 2.00\,x^2 - 1.38\,x + 0.15$$

$$\begin{array}{lllll}
35 & 0 & -16.4 & +6.66 & +1.72 \\
 & +32.0 & +22.1 & -2.40 & \\
\hline
 & +32.0 & +5.7 & +2.26 & \\
 & & +29.2 & +20.15 & -2.19 \\
\hline
 & & 34.9 & +22.4 & +0.47
\end{array}$$

$$r_2 = -34.9\,x^2 - 22.4\,x - 0.47$$

$$\begin{array}{llll}
+2.19 & -2.00 & -1.38 & +0.15 \\
 & -1.41 & -0.03 & \\
\hline
 & -3.41 & -1.41 & \\
 & & +2.19 & +0.05 \\
\hline
 & & +0.78 & +0.20
\end{array}$$

$$r_3 = -0.78\,x - 0.20$$

$$\begin{array}{lll}
-34.9, & -22.4, & -0.47 \\
 & +8.9 & \\
\hline
 & -13.5 & \\
 & & +3.46 \\
\hline
 & & +2.99
\end{array}$$

$$r_4 = -2.99.$$

Für $x = -\infty$ erhalten $g(x)$, $g'(x)$, r_1, r_2, r_3, r_4 die Vorzeichen:

$- + - - + -$ (4 Zeichenwechsel),

für $x = 0$:

$- + + - - -$ (2 Zeichenwechsel),

für $x = +\infty$:

$+ + + - - -$ (1 Zeichenwechsel).

Es gibt also drei reelle Wurzeln, von denen zwei negativ und eine positiv sind.

Endlich werde die auf S. 149 aufgestellte Gleichung behandelt.

$$g(x) = 3.22\,x^6 + 4.12\,x^4 + 3.11\,x^3 - 7.25\,x^2 + 1.88\,x - 7.84 = 0$$
$$g''(x) = 19.32\,x^5 + 16.48\,x^3 + 9.33\,x^2 - 14.5\,x + 1.88$$

$$\begin{array}{lllllll}
3.22 + 0 & +4.12 & +3.11 & -7.25 & +1.88 & -7.84 \\
 & -2.74 & -1.56 & +2.42 & -0.31 & \\
\hline
 & +1.38 & +1.55 & -4.83 & +1.57 & -7.84
\end{array}$$

$$r_1 = -1.38\,x^4 - 1.55\,x^3 + 4.83\,x^2 - 1.57\,x + 7.84$$

+ 19.32	0	+ 16.48	+ 9.33	— 14.5	+ 1.88
	— 21.6	+ 67.5	— 21.9	+ 109.8	
	— 21.6	+ 84.0	— 12.6	+ 95.3	
		+ 24.2	— 75.7	+ 24.6	— 122.8
		+ 108	— 88	+ 120	— 121

$$r_2 = -108\,x^3 + 88\,x^2 - 120\,x + 121$$

— 1.38	— 1.55	+ 4.83	— 1.57	+ 7.84
	— 1.12	+ 1.53	— 1.54	
	— 2.67	+ 6.36	— 3.11	
		— 2.17	+ 2.96	— 3.00
		+ 4.19	— 0.15	+ 4.84

$$r_3 = -4.19\,x^2 + 0.15\,x - 4.84.$$

Da die Gleichung $r_3 = 0$, wie man unmittelbar sieht, keine reellen Wurzeln hat, so hat r_3 für alle reellen Werte von x immer dasselbe Vorzeichen. Man hat deshalb nicht nötig, weiter zu rechnen.

Für $x = -\infty$, $x = 0$, und $x = +\infty$ ergeben sich in der Reihe $g(x)$, $g'(x)$, r_1, r_2, r_3 die Vorzeichen:

$x = -\infty$: + — — + — (3 Zeichenwechsel)
$x = 0$: + + (2 Zeichenwechsel)
$x = \infty$: + + — (1 Zeichenwechsel)

Es gibt also zwei reelle Wurzeln, von denen die eine positiv, die andere negativ ist.

Die Rechnung ist so schnell ausgeführt, daß, wenn es sich nur um die Berechnung der reellen Wurzeln handelt, es sich wohl lohnen kann, auf diese Weise die Anzahl der reellen Wurzeln und vielleicht noch die Anzahl der positiven und negativen festzustellen, ehe man zur Berechnung selbst schreitet. Man spart dadurch Mühe beim Aufsuchen der ersten Näherungen. Denn wenn man z. B. in diesem Falle schon weiß, daß nur eine positive und eine negative Wurzel existiert, so braucht man nicht nach weiteren zu suchen. Man erkennt aus dem Vorzeichen von $g(x)$ sehr schnell, daß die positive Wurzel zwischen 0 und + 2 nicht weit von + 1 entfernt liegt und daß die negative Wurzel zwischen — 1 und — 2 liegt. Nach dem Verfahren von Newton findet man dann alsbald genauere Werte. Allerdings wenn auch die komplexen Wurzeln berechnet werden sollen, so lohnt es sich nicht, vorher die Anzahl der reellen Wurzeln festzustellen, weil sie sich im Verlaufe der Rechnung nach dem im vorigen Kapitel beschriebenen Verfahren schon herausstellen.

Auch über die Lage der komplexen Wurzeln kann man in ähnlicher Weise allgemeinen Aufschluß erhalten. Um dies zu erklären, muß etwas weiter ausgeholt werden. Ist $f(x)$ eine Funktion eines komplexen Argumentes $x = u + v\,i$, die sich im Innern und auf dem Rande eines Gebietes der komplexen Ebene regulär verhält, so ist nach Cauchy die Zahl der Nullpunkte der Funktion in dem Gebiete gleich dem Integral:

$$\frac{1}{2\pi i}\int \frac{f'(x)}{f(x)}\,d\,x,$$

wobei das Integral über den Rand des Gebietes zu erstrecken ist. Der Rand ist bei der Integration in solchem Sinne zu durchlaufen, daß das Innere des Gebietes zur Linken liegt, wenn die positiven imaginären Koordinaten auf der linken Seite der positiven Richtungen der reellen Koordinaten angenommen werden.

Setzt man nun

$$f(x) = \varrho \cdot e^{\varphi i},$$

wo ϱ den absoluten Betrag, φ das Argument von $f(x)$ bedeutet, so ist:

$$\frac{f'(x)\,d\,x}{f(x)\quad i} = \frac{1}{i}\,d\,(\log f(x)) = \frac{1}{i}\,d\,(\log \varrho) + d\,\varphi.$$

Bei der Integration um den ganzen Rand des Gebietes nimmt $\log \varrho$ wieder denselben Wert an. Daher wird der Wert des Integrals gleich

$$\frac{1}{2\pi}\int d\,\varphi$$

In Worten ausgedrückt heißt das also: Sovielmal als das Argument von $f(x)$ um 360 Grad zunimmt, so viel Wurzeln der Gleichung

$$f(x) = 0$$

liegen in dem betrachteten Gebiet. Zerlegt man $f(x)$ in seinen reellen und imaginären Teil

$$f(x) = U + V\,i,$$

so ist

$$U = \varrho \cos \varphi \quad V = \varrho \sin \varphi.$$

Folglich kann man an den Vorzeichen von U und V erkennen, in welchem Quadranten das Argument φ liegt und mithin auch verfolgen, wievielmal das Argument im ganzen um 360° zunimmt. Dies kann z. B. in folgender Weise geschehen. Da $\cos \varphi$ der Differentialquotient von $\sin \varphi$ ist, so wird V mit wachsendem φ wachsen, wenn U positiv ist, und abnehmen, wenn U negativ ist. Beim Verschwinden von V wird mithin die Kombination der Vorzeichen von V und U mit wachsendem φ einen Zeichenwechsel verlieren, mit abnehmendem φ dagegen einen Zeichenwechsel gewinnen. Wenn daher beim Durchlaufen des Randes die Funktion V p-mal ihr Zeichen so wechselt, daß V, U einen Zeichenwechsel verliert, und q-mal so, daß V, U einen Zeichenwechsel gewinnt, so geht das Argument p-mal im wachsenden Sinne durch 0^0 oder 180^0 und q-mal im abnehmenden Sinne. Die Gesamtänderung des Argumentes ist daher $(p - q)$-mal 180^0. Daraus folgt, daß die Zahl der Wurzeln der Gleichung

$$f(x) = 0$$

in dem betrachteten Gebiete gleich $\frac{1}{2}(p - q)$ ist.

In diesem Lehrsatz kann man auch V mit U und U mit $-V$ vertauschen, da $i f(x) = -V + U i$ dieselben Nullstellen hat wie $f(x)$.

Es sei nun $f(x)$ eine ganze rationale Funktion von x vom n^{ten} Grade.

$$f(x) = a_0 x^n + a_1 x^{n-1} + \cdots + a_{n-1} x + a_n.$$

Schreibt man $f(x)$ in der Form

$$f(x) = x^n (a_0 + a_1 x^{-1} + \cdots + a_{n-1} x^{-n+1} + a_n x^{-n}),$$

so erkennt man, daß für Werte von x von großem absoluten Betrage das Argument von $f(x)$ sehr wenig von dem Argument von $a_0 x^n$ abweicht. Die Änderung des Argumentes von $f(x)$ wird daher sehr nahe gleich der Änderung des Argumentes von x^n. Es folgt daraus, daß für ein den Nullpunkt umschließendes Gebiet, auf dessen Rande der absolute Betrag von x hinreichend groß ist, die Anzahl der Wurzeln gleich der Änderung des Argumentes von x^n dividiert durch 2π, also gleich n sein muß.

Wenn das Gebiet auf der einen Seite von einer Geraden, auf der anderen Seite von einem Kreisbogen begrenzt wird, der mit einem sehr großen Radius um den Nullpunkt beschrieben ist und zwei Punkte der Geraden verbindet, so ist die Änderung des Argumentes auf dem Kreisbogen für einen hinreichend großen Radius beliebig wenig von $n\pi$ verschieden. Läßt man den Radius unendlich werden, so erhält man also den Satz, daß die Zahl der auf der einen Seite der Geraden liegenden Wurzeln gleich $\frac{n}{2}$ plus der durch 2π dividierten Änderung des Argumentes von $f(x)$ längs der betrachteten Geraden ist. Die betreffende Seite der Geraden ist die zu dem Sinne, in dem man sie durchläuft, positive. Oder, wenn $f(x) = U + V i$, so ist die Zahl der Wurzeln, auf dieser Seite gleich $\frac{n}{2} + \frac{p - q}{2}$, wo p die Anzahl der Male angibt, daß V sein Zeichen beim Durchlaufen der Geraden wechselt, während V, U einen Zeichenwechsel verliert, und q die Anzahl der Male, daß V sein Zeichen wechselt, während V, U einen Zeichenwechsel gewinnt. —

Die Zahl $p - q$ findet man durch das Verfahren des größten gemeinsamen Teilers ähnlich wie beim Sturmschen Satz. Man setzt auf der Geraden $x = a + b t$, wo a und b zwei im allgemeinen komplexe Zahlen sind und t von minus unendlich bis plus unendlich läuft. Die Funktionen U und V werden dann ganze rationale Funktionen von t. Im allgemeinen werden U und V von gleichem Grade sein; dann kann man das Verfahren durch Division von V durch U beginnen oder auch durch Division von U durch $-V$. Wenn dagegen eine von ihnen von höherem Grade ist, so hat man nur eine Möglichkeit. Man bildet nun die Kette von Gleichungen, z. B.:

$$V = q_1 U - r_1$$
$$U = q_2 r_1 - r_2$$
etc.

Wenn r_a sein Zeichen längs der Geraden nicht ändert, so kann in der Reihe

$$V, U, r_1, r_2, \ldots r_a$$

die Anzahl der Zwischenwechsel sich nur ändern, wenn V verschwindet, denn beim Verschwinden von $U, r_1, r_2, \ldots, r_{a-1}$ kann die Anzahl der Zeichenwechsel sich nicht ändern, weil infolge der Kette von Gleichungen jedesmal die beiden benachbarten Glieder eines verschwindenden Gliedes entgegengesetztes Zeichen haben. Verschwindet nun V, so wird, je nachdem V, U einen Zeichenwechsel verliert oder gewinnt, auch die Reihe

$$V, U, r_1, r_2, \ldots, r_a$$

einen Zeichenwechsel verlieren oder gewinnen. Folglich ist $p - q$ der Unterschied in der Anzahl der Zeichenwechsel der Reihe für $t = -\infty$ vermindert um die Anzahl für $t = +\infty$. Das Analoge gilt, wenn $U, -V$ an die Stelle von V, U gesetzt wird. Besonders einfach wird das Verfahren für den Fall reeller Koeffizienten von $f(x)$, wenn es auf irgendeine Senkrechte zur reellen Achse angewendet wird. Man setzt $x = a + t\,i$, wo a eine reelle Zahl ist. Da nun

$$f(x) = f(a) + f'(a)\,t\,i + \frac{f''(a)}{2!}\,t^2 i^2 + \cdots,$$

so wird U nur gerade Potenzen von t enthalten und V nur ungerade. Dadurch wird das Teilerverfahren wesentlich abgekürzt.

Beispiel:

$$f(x) = 7\,x^5 - 5.47\,x^3 + 3.33\,x^2 + 1.72\,x - 0.15$$
$$f(x) = U + V\,i \qquad x = t\,i$$
$$U = -3.33\,t^2 - 0.15$$
$$V = +7\,t^5 + 5.47\,t^3 + 1.72\,t$$

$$\begin{array}{llll} +7 & +5.74 & +1.72 \\ & -0.32 & \\ & +5.15 & \\ & & -0.23 \\ & & 1.49 \end{array}$$

$$r_1 = -1.49\,t$$
$$r_2 = 0.15$$

Für $t = -\infty$ hat die Reihe V, U, r_1, r_2 die Zeichen:

$$- - + + \quad \text{(1 Zeichenwechsel)},$$

für $t = +\infty$:

$$+ - - + \quad \text{(2 Zeichenwechsel)}.$$

Es ist hier also $p - q = -1$ und mithin

$$\frac{n}{2} + \frac{p-q}{2} = 2.$$

Folglich gibt es zwei und nicht mehr als zwei Wurzeln der Gleichung, deren reeller Teil negativ ist. Oben S. 95 fanden wir, daß die Gleichung zwei negative Wurzeln und eine positive Wurzel hat. Folglich haben die beiden komplexen Wurzeln einen positiven reellen Teil.

Setzt man $x = 1 + t\,i$, so hat man zunächst nach Potenzen von $t\,i$ zu entwickeln.

$$\begin{array}{rrrrrr}
7 & 0 & -5.47 & +3.33 & +1.72 & -0.15 \\
 & 7 & +7 & +1.53 & +4.86 & +6.58 \\
\hline
 & 7 & +1.53 & +4.86 & +6.58 & +6.43 \\
 & 7 & +14 & +15.53 & +20.39 & \\
\hline
 & 14 & +15.53 & +20.39 & +26.97 & \\
 & +7 & +21 & +36.53 & & \\
\hline
 & +21 & +36.53 & +56.92 & & \\
 & +7 & +28 & & & \\
\hline
 & +28 & +64.53 & & & \\
 & +7 & & & & \\
\hline
 & +35 & & & &
\end{array}$$

$$f(x) = 7^{5}\,ti + 35\,t^4 - 64.53\,t^3 i - 56.92\,t^2 + 26.97\,t\,i + 6.43$$

$$U = 35\,t^4 - 56.92\,t^2 + 6.43$$

$$V = 7\,t^5 - 64.53\,t^3 + 26.97\,t$$

$$\begin{array}{rrr}
7 & -64.53 & +26.97 \\
 & +11.38 & -1.29 \\
\hline
 & -53.15 & +25.68
\end{array}$$

$$r_1 = 53.15\,t^3 - 25.68\,t$$

$$\begin{array}{rrr}
35 & -56.92 & +6.43 \\
 & +16.9 & \\
\hline
 & -40.0 & +6.43
\end{array}$$

$$r_2 = +40.0\,t^2 - 6.43$$

$$\begin{array}{rr}
53.15 & -25.68 \\
 & +8.55 \\
\hline
 & -17.13\,t
\end{array}$$

$$r_3 = +17.13\,t$$

$$r_4 = +6.43.$$

Für $t = -\infty$ nimmt die Reihe V, U, r_1, r_2, r_3, r_4 die Vorzeichen an:

$$- + - + - + \quad \text{(5 Zeichenwechsel)},$$

für $t = +\infty$:

$$+ + + + + + \quad \text{(kein Zeichenwechsel)}.$$

$$p - q = 5 \qquad \frac{n}{2} + \frac{p-q}{2} = 5.$$

Es gibt also fünf Wurzeln, deren reeller Teil algebraisch kleiner ist als 1, und mithin keine Wurzel, deren reeller Teil größer ist als 1. Der reelle Teil der beiden komplexen Wurzeln liegt also zwischen 0 und 1, und in demselben Intervall liegt auch die positive Wurzel.

2. Beispiel:

$$\begin{aligned} f(x) &= 21\,x^{13} - 53\,x^7 + 65\,x^5 + 312\,x^2 - 74 \\ x &= t\,i \\ U &= -312\,t^2 - 74 \\ V &= 21\,t^{13} + 53\,t^7 + 65\,t^5 \end{aligned}$$

$$\begin{array}{lllllll}
21 & 0 & 0 & +53 & +65 & & \\
 & -4.98 & & & & & \\
\hline
 & -4.98 & & & & & \\
 & & +1.18 & & & & \\
\hline
 & & +1.18 & & & & \\
 & & & -0.28 & & & \\
 & & & 52.7 & & & \\
 & & & & -12.5 & & \\
 & & & & 52.5 & & \\
 & & & & & -12.5 & \\
\hline
 & & & & & -12.5 & \\
 & & & & & & +2.96 \\
\hline
\end{array}$$

$$r_1 = -2.96\,t$$
$$r_2 = +74$$

Die Reihe V, U, r_1, r_2 nimmt die Vorzeichen an:

für $t = -\infty$: $- - + +$ (1 Zeichenwechsel),
für $t = +\infty$: $+ - - +$ (2 Zeichenwechsel).

$$p - q = -1 \qquad \frac{n}{2} + \frac{p-q}{2} = 6.$$

Es gibt also 6 Wurzeln, deren reeller Teil negativ ist; und folglich gibt es 7 Wurzeln, deren reeller Teil positiv ist. Wir fanden oben S. 99, daß die Gleichung nur eine positive Wurzel hat. Mithin gibt es drei Paare komplexer Wurzeln mit positivem reellen Teil.

Was die negativen Wurzeln betrifft, so erkannten wir schon oben S. 99, daß nicht mehr als vier existieren können. Ihre genaue Anzahl ermittelt man durch Anwendung des Sturmschen Verfahrens auf $f(x)$ und $f'(x)$. Man braucht indessen nur die ersten Schritte auszuführen.

$$f'(x) = 273\,x^{12} - 371\,x^6 + 325\,x^4 + 624\,x$$

$$\begin{array}{l} 21\,x^{13} - 53.x^7 \quad + 65\,x^5 + 312\,x^2 - 74 \\ \quad + 28.5 \quad - 25.0 \quad - 48.0 \\ \hline \quad - 24.5\,x^7 + 40\,x^5 + 264\,x^2 \end{array}$$

$$r_1 = + 24.5\,x^7 - 40\,x^5 - 264\,x^2 + 74.$$

r_1 hat in dem Intervall $-\infty$ bis -1 nur negative Werte. Denn $24.5\,x^7 - 40\,x^5 + 74$ hat seinen algebraisch größten Wert für diese Werte von x, wenn $171.5\,x^6 - 200\,x^4 = 0$ ist, d. h. etwa bei $x^2 = 1.17$. Der algebraisch größte Wert von $24.5\,x^7 - 40\,x^5 + 74$ ist daher nicht größer als etwa $+ 91$, wird also von $- 264\,x^2$ in dem ganzen Intervall $x = -\infty$ bis -1 aufgewogen. Man kann daher die Anzahl der negativen Wurzeln der Gleichung $f(x) = 0$, soweit sie in dem Intervall $x = -\infty$ bis -1 liegen, durch das Verhalten der Vorzeichen von $f(x)$, $f'(x)$, r_1 bestimmen.

$x = -\infty: - + -$ (2 Zeichenwechsel),

$x = -1\;: + + -$ (1 Zeichenwechsel).

Zwischen diesen Grenzen liegt daher eine und nur eine negative Wurzel. In dem Intervall -1 bis 0 hat $f'(x)$ nur negative Werte. Denn hier überwiegt $-371\,x^6$ über $273\,x^{12}$ und zugleich $624\,x$ über $325\,x^4$. Die Funktion $f(x)$ kann daher von $x = -1$ bis $x = 0$ nur abnehmen, und da sie ihr Zeichen wechselt, so hat sie in diesem Intervall eine und nur eine negative Wurzel. Im ganzen hat die Gleichung also zwei negative und eine positive Wurzel, ferner zwei Paare konjugierter Wurzeln mit negativem reellen Teil und drei Paare konjugierter Wurzeln mit positivem reellen Teil.

Namen- und Sachregister.

FSC
www.fsc.org
MIX
Papier | Fördert gute Waldnutzung
FSC® C083411

Zeitfracht Medien GmbH
Ferdinand-Jühlke-Straße 7
99095 Erfurt, Deutschland
produktsicherheit@kolibri360.de